ISBN 978-3-662-40924-4   ISBN 978-3-662-41408-8 (eBook)
DOI 10.1007/978-3-662-41408-8

Sonderabdruck
*aus der „Zeitschrift für Astrophysik" **18**, 157, 1939.*
Verlag von Julius Springer, Berlin.

(Veröffentlichungen der Universitäts-Sternwarte Göttingen, Nr. 62.)

Die relative Energieverteilung im infraroten Spektrum von 18 Fundamentalsternen[*]).

Von **Herwart v. Hoff**, Göttingen.

Mit 9 Abbildungen. (Eingegangen am 4. März 1939.)

Die relative Intensitätsverteilung im Bereich λ 6000 bis 8500 wird für 18 Sterne mit den Plattensorten Agfa 700 rapid und 800 rapid bestimmt. Die zur Festlegung der photometrischen Skala benutzten Gitter werden untersucht, ferner die Extinktion im benutzten Wellenlängenbereich. Die beobachteten Helligkeitsdifferenzen, sowie die Ergebnisse einer Netzausgleichung werden in Tabellen mitgeteilt. Eine lineare Ausgleichung der monochromatischen Helligkeitsunterschiede m_λ liefert die relativen Gradienten. Die Reste der m_λ gegen die Gradienten sind graphisch dargestellt.

1. Einleitung.

Als die Infrarotplatten so weit entwickelt waren, daß die Agfa eine Reihe von Emulsionen mit wohldefinierten Eigenschaften in den Handel bringen konnte, wurde der Plan gefaßt, die Göttinger Spektralphotometrie (1) möglichst weit ins Infrarot fortzusetzen. Auch hier sollte zunächst nur ein System relativer Anschlüsse geschaffen werden, das durch absoluten Anschluß an eine irdische Lichtquelle mit bekannter Intensitätsverteilung zu ergänzen sein wird.

Diese Arbeit lehnt sich aufs engste an die obengenannte (1) an, auf die also wegen der Arbeitsmethoden und wegen des Schrifttums häufig verwiesen werden muß. In Anlehnung an die Bezeichnungen „System S" und „System T" in (1) wird das hier behandelte System der relativen Anschlüsse im Infrarot als „System I" bezeichnet.

2. Plattenuntersuchung und Plattenauswahl.

Um die günstigste Plattensorte festzustellen, wurden die Platten Agfa 700, 750, 800, 850 hart und 700 und 800 rapid nach folgenden allgemeinen Gesichtspunkten geprüft:

1. Die Empfindlichkeit muß groß genug sein, um mit vernünftigen Belichtungszeiten auszukommen.

2. Die Gradation, die im Infrarot sowieso erheblich steiler als im Blau ist, muß möglichst flach sein, damit die Schwärzungskurve bei dem benutzten Reduktionsverfahren nicht vieldeutig wird (vgl. S. 171 f.).

---

[*]) D 7.

3. Der gesamte Wellenlängenbereich soll möglichst breit sein und den des Systems S teilweise überdecken.

Die Forderungen 1. und 2. erfüllten am besten die Plattensorten 700 und 800 rapid. Ihre Gradation ist etwas flacher als die der Hartplatten und ihre Empfindlichkeit etwas größer. Diese Eigenschaften bleiben auch nach einer Hypersensibilisierung erhalten. Mit dem von der Agfa empfohlenen Ammoniak-Soda-Vorbad ließ sich die Empfindlichkeit um das

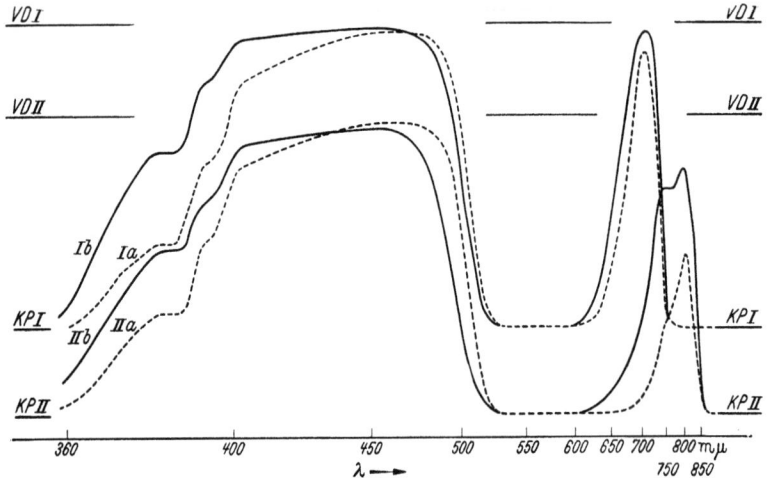

Abb. 1. Nachzeichnung von Registrierkurven zum Vergleich der relativen Empfindlichkeiten; ----- ältere Emulsion (1935/36), ——— neuere Emulsion (1936/37).

Aufnahmedaten:

Bild	Platte	Sorte	Stern	sec z	Belichtung min
I a	S 672_2	700	α Aur	0,61	5
I b	S 702_8	700	α Aur	0,54	5
II a	S 675_{22}	800	α Aur	0,05	6
II b	S 688_2	800	α Aur	0,01	8

KP = klare Platte, VD = völlige Dunkelheit.

$1^1/_2$- bis 2fache steigern. Das reine Sodabad, das sich bei den Versuchs-Panemulsionen des Spiegelprogramms (1) sehr bewährt hatte, gab bei guter Haltbarkeit der Platten eine merklich geringere Empfindlichkeitssteigerung als das reine Ammoniakbad, das dafür die Haltbarkeit stark herabsetzte. Da die Haltbarkeit der überempfindlich gemachten Platten wesentlich von der Kälte des Soda-Ammoniak-Bades abhängt, erfolgte die Vorbehandlung stets mit eisgekühlten Bädern, deren Temperatur zwischen 4 und 8° C lag. So behandelte Platten konnten im allgemeinen noch nach 14^d benutzt werden, doch war die Haltbarkeit bei den einzelnen Emulsionsnummern der gleichen Plattensorte sehr verschieden.

Der Forderung 3. konnte nur durch die gleichzeitige Verwendung von zwei Plattensorten genügt werden, nämlich 700 und 800. Bei der Plattensorte 800 ist keine Überdeckung mit dem System S mehr vorhanden, während die Plattensorte 700 wenigstens noch zwei bis vier Meßpunkte des Systems S

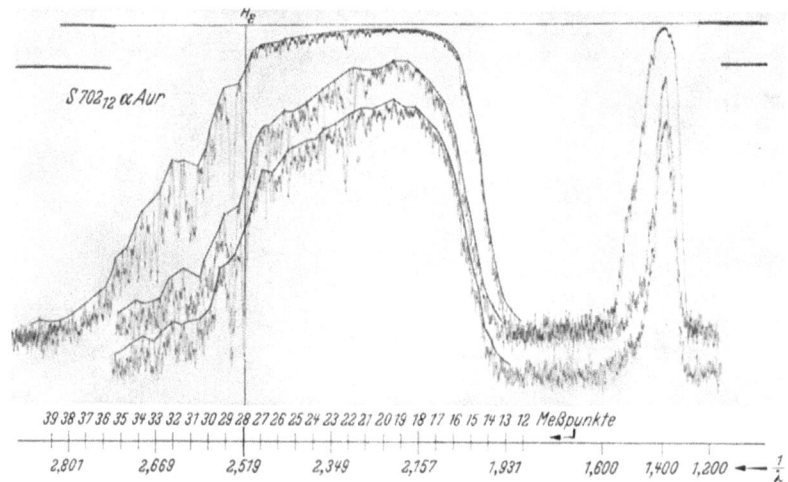

Abb. 2. Beispiel einer Registrierung des Gesamtspektrums. Plattensorte 700 (neue Emulsion). Obere Kurve: Zentralbild; mittlere und untere Kurve: bei der Registrierung gegeneinander versetzte Seitenbilder einer Gitteraufnahme.

umfaßt. Die relative Empfindlichkeit der verwendeten Platten und das Übereinandergreifen der Wellenlängenbereiche ist aus den Abb. 1 und 2 zu ersehen.

Aus der Verschiebung des blauen Empfindlichkeitsbereiches der alten gegen die neue Emulsion (Abb. 1) geht hervor, daß die Agfa 1936 die Grundemulsion geändert hat. Dadurch wurde zwar die Infrarotempfindlichkeit beider Plattensorten vergrößert und die Gradation verringert, bei 800 auch der Spektralbereich erheblich erweitert; die neuen Emulsionen zeigten jedoch ein gröberes Korn. Die Abb. 3a, b und c geben den Verlauf im Infrarot allein wieder. Der Vergleich der Abb. 3b und c läßt die Unterschiede in der Korngröße und der Gradation zwischen der alten und der neuen Emulsion erkennen.

Ein Versuch, den Empfindlichkeitsbereich der Platten durch eine Behandlung mit den Agfa-Farbstoffen Wl 3, 4 und 5 ins Hellrot zu erweitern, scheiterte. Es bestätigte sich die allgemeine Erfahrung, daß eine Vergrößerung des Empfindlichkeitsbereiches nur auf Kosten einer mehr oder weniger starken Empfindlichkeitsabnahme möglich ist. Außerdem ließen alle drei Farbstoffe immer noch eine Lücke im Hellrot.

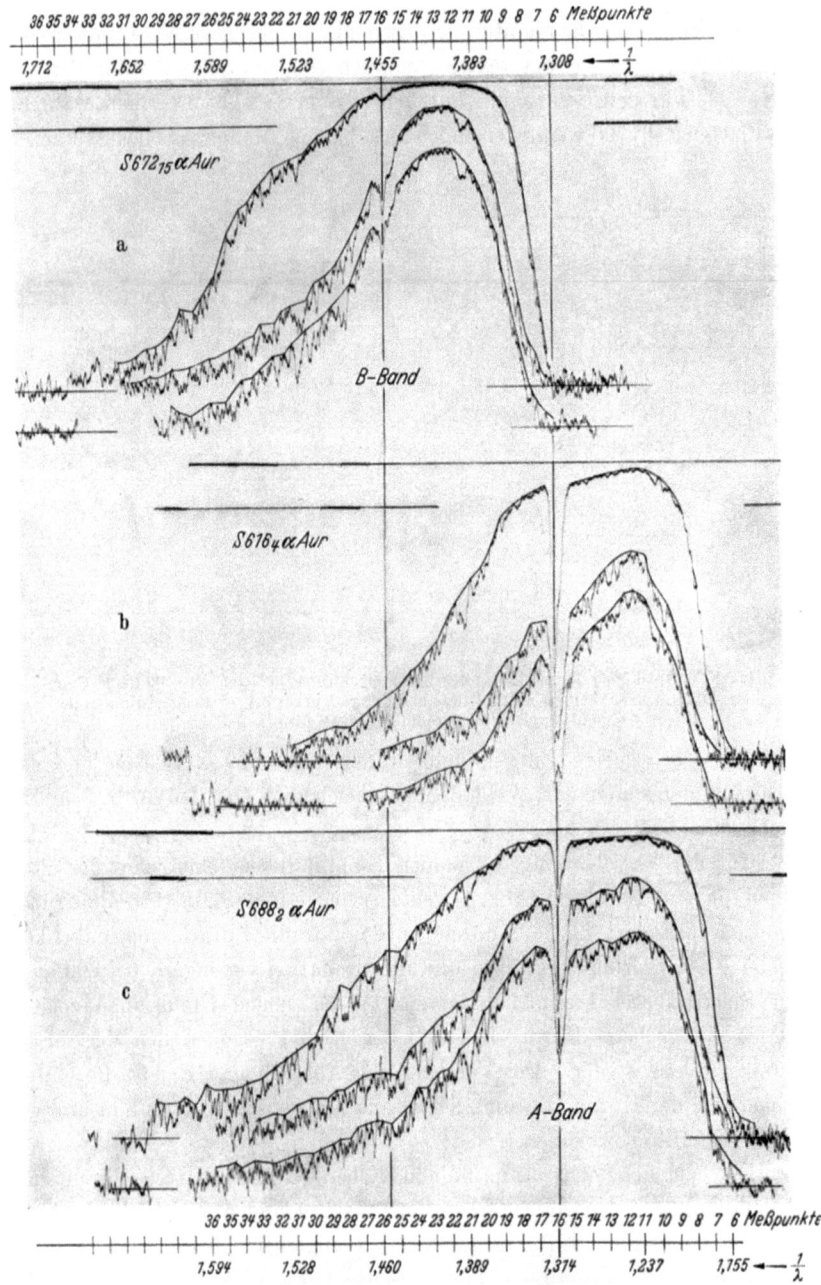

Abb. 3. Registrierungen des infraroten Bereiches.
a) Plattensorte 700 (alte Emulsion); obere Skala.
b) Plattensorte 800 (alte Emulsion); } untere Skala.
c) Plattensorte 800 (neue Emulsion);

Die Nullmarken für die Wellenlängenzählung (B-Band für 700 und A-Band für 800) sind durch senkrechte Striche gekennzeichnet.

Die relative Energieverteilung im infraroten Spektrum usw. 161

3. Das Beobachtungsprogramm.

In Tabelle 1 sind für 17 Sterne des Infrarotprogramms die Angaben aus (1) noch einmal zusammengestellt. Als Stern 40 wurde α Tau hinzugefügt; er sollte zur Sicherung der Schwärzungskurve häufig mitphotographiert werden.

Tabelle 1.

Nr. in (1)	PGC	Name	Spektrum HD	Spektrum MW	m_v	M_v	c_2/T	Bemerkungen
2	12	β Cas	F 5	F 2	$2^m\!,42$	$+2^m\!,1$	2,18	
3	135	α Cas	K 0	G 7	2,47	− 0,6	3,35	
5	259	β And	M a	M 0	2,37	+ 0,3	4,23	
9	772	α Per	F 5	c F 4	1,90	− 1,1	2,45	
15	1246	α Aur	G 0	G 1	0,21	− 0,1	2,71	$D, 0^m\!,74$ u. $1^m\!,24$; $a = 0'',05$
16	1304	β Tau	B 8	B 9 s	1,78	− 0,5	1,41	
19	2031	β Gem	K 0	G 8	1,21	+ 1,4	3,36	
21	2933	α UMa	K 0	G 7	1,95	+ 0,4	3,40	D, (Begl. ∼ $4^m\!,9$)
23	3363	ε UMa	A 0 p	(A 2 s)	1,68	+ 0,8	1,73	D_{sp}
24	3566	η UMa	B 3	(B 3 n)	1,91	− 1,1	1,29	
25	3662	α Boo	K 0	K 0	0,24	+ 0,6	3,59	
26	3809	β UMi	K 5	K 5	2,24	− 0,1	4,17	
31	4541	γ Dra	K 5	K 5	2,42	+ 0,2	4,37	
32	4722	α Lyr	A 0	(A 1 s)	0,14	+ 1,2	1,53	
34	5229	γ Cyg	F 8 p	c F 7	2,32	− 3,0	2,81	
35	5320	α Cyg	A 2 p	—	1,33	− 4,0	1,68	
38	5940	β Peg	M a	M 2	2,61	− 0,4	4,47	
40*)	1077	α Tau	K 5	K 5	1,06	+ 0,4	4,42	$D_{vis}, 13^m\!,5$, $a = 0'',5$

*) Nur im System I.

Für die Spektra sind außer den HD-Angaben noch die genaueren Klassifikationen nach Mt. Wilson Contr. 262 und 511 bzw. Lick Obs. Publ. XVIII (eingeklammert) aufgeführt. m_v ist die visuelle Größe nach HD, M_v die daraus mit der spektroskopischen Parallaxe nach SCHLESINGER, General Catalogue of Stellar Parallaxes, Second edition 1935, berechnete absolute Größe. c_2/T ist entnommen aus HERTZSPRUNG, Ann. Leiden XIV, 1, 1922. Unter Bemerkungen findet man Angaben über Duplizität.

Die Beschränkung auf 18 Sterne ergab sich aus den Beobachtungsbedingungen. Es war selbst ohne Gitter nicht möglich, alle Sterne früher Typen der Systeme S und T bei Belichtungszeiten bis 20 Minuten zu bekommen; längere Belichtungszeiten mußten vermieden werden, da wegen Verwendung zweier Plattensorten alle Aufnahmen doppelt gemacht werden mußten. Es wurden daher zwar alle M- und K-Sterne (außer ε Cyg) benutzt, aber nur die hellsten von den frühen Typen.

Immer mit Gitter wurden die Sterne 5, 15, 19, 25, 38 und 40 aufgenommen; mit oder ohne Gitter 21, 26, 31 und 32; nur ohne Gitter 2, 3, 9, 16, 23, 24, 34 und 35.

Abb. 4 zeigt die beobachteten Verbindungen der 18 Sterne. Im äußeren Kreis stehen die zehn G-, K- und M-Sterne, im inneren die acht B-, A- und F-Sterne, aus praktischen Gründen umgekehrt wie in den Abb. 1 und 2 in (1). Die ausgezogenen Linien stellen die 32 Verbindungen der

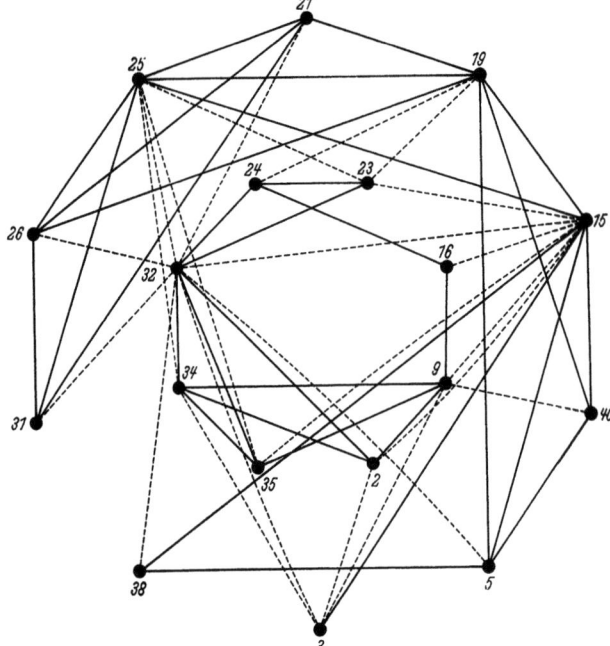

Abb. 4. Die Verbindungen des Systems I.

frühen bzw. späten Typen unter sich dar, die gestrichelten Linien die 22 Verbindungen zwischen frühen und späten Typen.

4. Die Aufnahmen.

Die Aufnahmen wurden mit der in (2) beschriebenen Spiegelprismenkamera gemacht. Einige kleine Änderungen des Instrumentes seien hier angemerkt. Der neue Spiegel von 137 cm Brennweite ist nach dem Verfahren von Hochheim belegt. Die Taukappenheizung wurde nach einer von Herrn Schaub gegebenen Anregung ersetzt durch eine zweite Taukappe aus Pappe, die in die Metalltaukappe hineingeschoben wird. Dadurch wurde selbst bei größter Luftfeuchtigkeit jedes Beschlagen des Prismas vermieden.

Die relative Energieverteilung im infraroten Spektrum usw. 163

In Mondnächten, die zur Zeitersparnis mit benutzt werden sollten, wurde zur Beseitigung kurzwelligen Streulichtes ein Gelbfilter (Schott GG 11, 0,5 mm dick) 13 mm vor der Platte in den Lichtweg geschaltet, dessen Durchlässigkeitsgrenze bei $\lambda\,5100$ liegt. Auf diese Weise wurden selbst Vollmondnächte verwendbar. Von 214 Einzelanschlüssen wurden mit Gelbfilter 118, ohne Gelbfilter 91 erhalten. Bei fünf Anschlüssen ist eine Satzhälfte mit und eine ohne Filter aufgenommen worden.

Die Reflexions- und Absorptionsverluste durch das Gelbfilter betrugen im Infrarot etwa $0^m\!.1$. Dafür hatte man bei Mondnächten aber einen Vorteil, der gerade bei Aufnahmen in sehr verschiedenen Himmelsgegenden nicht zu unterschätzen ist. In solchen Nächten können nämlich die feinsten Zirren durch das reflektierte Mondlicht sofort bemerkt werden, während in mondlosen Nächten gerade die Erkennung sehr dünner Wolken außerordentlich schwierig, wenn nicht überhaupt unmöglich ist.

Man kann bei Vorschaltung des Gelbfilters auch die Dämmerungsstunden noch ausnutzen. Aufnahmen ohne Filter können nur gemacht werden, wenn die Sonne eine Zenitdistanz von mehr als 103^0 hat; das Gelbfilter rückt diese Grenze auf 98^0 herauf. Das bedeutet besonders im Sommer eine sehr willkommene Verlängerung der brauchbaren Nachtstunden von 3 auf 5^h (für die Breite von Göttingen). Im Winter beträgt der Gewinn etwa $1^h\!.2$.

Beim Einlegen des Gelbfilters in den Einsatz war eine Ecke vom Filter abgebrochen. Diese abgebrochene Ecke erwies sich als willkommenes Hilfsmittel, um ein Kriterium für die Schleierfreiheit der Platte zu erhalten, soweit Belichtungsschleier infolge von Streulicht in Frage kommt. An dieser Stelle, die weit außerhalb des aufzunehmenden Sternspektrums liegt, kann das gesamte Streulicht des Himmels ungehindert die Platte erreichen. Bei einer Anzahl von Programmplatten ist diese Stelle mehr oder weniger geschwärzt.

Um abschätzen zu können, ob das Streulicht, das hinter dem Gelbfilter den Schwellenwert der Platte noch nicht erreicht, die Spektren schon merklich beeinflußt, wurden mehrmals kontinuierliche Folgen von Aufnahmen eines Sternes mit Gelbfilter in der Morgendämmerung gemacht. Die Eckenschwärzung nimmt dabei ständig zu, bis schließlich auch hinter dem Gelbfilter ein Schleier sich bemerkbar macht. Die allgemeine Himmelshelligkeit war am Schluß der Aufnahmen schon so groß, daß Sterne zweiter Größe kaum noch zu erkennen waren. Aus diesen Aufnahmen wurde unter Benutzung einer schätzungsweise für alles Streulicht geltenden mittleren Schwärzungskurve die Schwächung des gesamten auf die Platte fallenden

Streulichtes durch das Gelbfilter zu $3^m\!.0 \pm 0^m\!.4$ bestimmt. Durch diese Untersuchung war eine Prüfung der mit Gelbfilter aufgenommenen Programmplatten auf eine etwaige Verfälschung durch Streulicht unterhalb des Schwellenwertes möglich. Nur ein Satz des Programms, der bei zu weit fortgeschrittener Dämmerung aufgenommen worden war, ergab sich als verfälscht; er wurde daher verworfen.

Für die Endausgleichung ist es wichtig, soviel Verbindungen wie möglich zu haben. Das läßt sich bei 18 Sternen aber nur durch Vergrößerung der bei der Aufnahme zulässigen Zenitdistanz (60^0 gegenüber 25^0 bei S und T) erreichen. Dabei muß man eine Vergrößerung der Luftunruhe mit in Kauf nehmen, die die Bildstärken unverbreiteter Aufnahmen stark beeinflußt. Die Aufnahmen wurden nach Möglichkeit so angelegt, daß die Differenz der Zenitdistanzen aneinander angeschlossener Sterne klein blieb. Sie wurden außerdem mit Hilfe der kontinuierlichen Kassettenbewegung (4) auf 0,12 mm verbreitert. Der dadurch erzielte Gewinn an Genauigkeit rechtfertigt die Verlängerung der Belichtungszeit auf das $2^1/_2$- bis 3fache.

Während alle Aufnahmen zu den Systemen S und T nur als symmetrische Sätze der Form $abba$ gemacht worden waren, mußte zur Beschränkung der Arbeit beim Infrarotprogramm von diesem Grundsatz abgegangen werden. Es wurden häufig geschachtelte Sätze der Form $abccba$ oder $abcddcba$ gebildet; dabei ist meist a mit Gitter und b, c und d ohne Gitter aufgenommen worden. Das hatte den Vorteil, daß das Gitter nicht so häufig auf- und abgesetzt zu werden brauchte.

Die Zahl der Verbindungen beträgt 54. 108 Einzelanschlüsse (Sätze) entfallen auf die Plattensorte 800, 106 auf die Plattensorte 700. Es ist somit im Durchschnitt jede Verbindung mit jeder Plattensorte zweimal aufgenommen worden. Die einzelnen Sätze haben aber wegen ihrer verschiedenen Entstehungsart sehr voneinander abweichende Gewichte. Einen ungefähren Überblick über die Anzahl und Art der vorkommenden Kombinationen je zweier Sterne a und b gibt die Tabelle 2:

Tabelle 2.

Platten-sorte	$a_m b_m b_m a_m$	$a_m b_o b_o b_o b_o a_m$	$a_m b_o b_o a_m$	$a_o a_o b_o b_o b_o b_o a_o a_o$	$a_o b_o b_o a_o$	X	Ge-samt
800	40	28	5	18	4	13	108
700	51	14	14	18	2	7	106

Darin bedeutet der Index m eine Aufnahme mit Gitter, o eine Aufnahme ohne Gitter. Unter X sind unsymmetrische Kombinationen, z. B.

Die relative Energieverteilung im infraroten Spektrum usw. 165

$a_m b_m b_m$ oder $a_m b_o b_o$ aufgeführt, also Sätze, in denen aus irgendeinem Grunde ein Spektrum unbrauchbar war. In den geschachtelten Sätzen war häufig eine Mehrfachbenutzung eines Spektrums notwendig, immer bei der Form *abccba*; in den übrigen Fällen geschah es dann, wenn eine Verbindung infolge der Ungunst der Witterung oder späteren Ausfalls eines Satzes etwas schwach mit unabhängigen Einzelanschlüssen besetzt war. In 63 von den 214 Sätzen kommen solche mehrfach benutzten Aufnahmen vor.

Durch geeignete Kombination von Aufnahmen mit und ohne Gitter wurden die durch *eine* Schwärzungskurve überbrückten Helligkeiten möglichst unter $1^{\mathrm{m}}\!.5$ gehalten.

Alle verwerteten Aufnahmen stammen aus der Zeit von 1935 Okt. 10 bis 1937 Mai 29. Drei Anschlüsse, die nur je einmal beobachtet werden konnten, sind nicht mit in die Endausgleichung hineingenommen worden und auch in den statistischen Übersichten nicht enthalten.

5. Die Bearbeitung der Aufnahmen.

a) Registrierung der Platten. Die Spektren wurden mit dem Zeissschen Registrierphotometer registriert. Die Größe des Registrierspaltes war bei allen Registrierungen die gleiche, nämlich $0{,}027 \cdot 0{,}075 = 0{,}0020$ mm². Auf Abb. 5a gibt die kleine weiße rechteckige Fläche die Größe des Registrierspaltes im Vergleich zum Spektrum an. Während bei den alten Emulsionsarten das Plattenkorn klein genug war, um eine so kleine Spaltfläche zu rechtfertigen (Abb. 2a und b), wäre für die späteren Emulsionen (seit 1936) ein größerer Spalt wünschenswert gewesen. Die Spalt*länge* ließ sich nicht gut vergrößern, wenn man zuverlässig in dem gleichmäßig geschwärzten Teil der verbreiterten Spektren bleiben wollte. Die Spalt*weite* (in der Registrierrichtung) dagegen hätte vielleicht noch bis auf das Doppelte vergrößert werden können. Da aber die Festlegung des Nullpunktes der Wellenlängenzählung von der spektralen Auflösung abhängt (vgl. S. 166), erschien es nicht zweckmäßig, im Laufe des Programms die Spaltweite zu ändern.

Das Übersetzungsverhältnis sollte groß gewählt werden, um auf den Steilabfällen der Registrierkurven möglichst sicher messen zu können. Eine obere Grenze war gesetzt durch die Überlegung, daß bei der Ausmessung der Registrierkurven mit einer Glasplatte [vgl. (1), S. 208] die einzelnen Meßpunkte von 4 mm Abstand genügend sicher definiert bleiben sollten. Dies war bei einer 24fachen Übersetzung noch gerade der Fall, weil bei der gewählten Spaltfläche mit dieser Übersetzung die Registrierung KP (= klare Platte) noch genügend viele, d. h. etwa 8 bis 16 Zacken auf 4 mm enthielt. Der kurzwellige Empfindlichkeitsabfall wird auf diese Weise sehr gut meßbar, während die Messungen auf dem langwelligen Steilabfall auch so noch unsicher bleiben.

b) *Dispersionskurve*. Die Dispersionskurve des Spiegels war bisher nur bis H_α bestimmt worden. Starke Sternlinien befinden sich in dem Bereich von λ 6500 bis 8500 nicht, nur verschiedene atmosphärische Sauerstoff- und Wasserdampfbanden. Die Struktur jeder einzelnen Bande ist infolge der geringen Dispersion so verwischt, daß sie das Aussehen einer breiten Linie erhält; jede Bande kann zur Bestimmung der Dispersionskurve dienen, wenn sich die Wellenlänge ihres Intensitätsminimums festlegen läßt.

Zu diesem Zwecke wurden aus verschiedenen Quellen (5), (6), (7), (8) alle Linien mit einer Rowlandintensität ≥ 1 herausgesucht (die ungefähre Beziehung anderer Intensitätsskalen zur Rowlandintensität ist meist angegeben). Dieses Material wurde dann in eine kontinuierliche Folge kleiner Wellenlängenbereiche bei jeder Bande aufgeteilt, deren Breite unterhalb des Auflösungsvermögens des benutzten Instruments lag. Die Intensitäten aller Linien eines Elementarbereiches wurden dann zusammengezählt und die aus je drei benachbarten Bereichen gebildeten übergreifenden Dreiermittel in Abhängigkeit von ihrer mittleren Wellenlänge graphisch aufgetragen. Das ganze Verfahren ist für zwei verschiedene Auflösungsgrade (Breite der Elementarbereiche 0,009 und 0,018 mm auf der Platte) angewandt worden, um später durch Vergleich mit den Konturen auf dem Registrierblatt feststellen zu können, welche Verwischung die richtige ist.

Für das A-Band sind sogar vier verschiedene Bereichbreiten benutzt worden, nämlich 5, 7,5, 10 und 15 Å. Sie wurden vereinigt zu Dreiermitteln, deren Bereichbreiten 15, 22,5, 30 und 45 Å betragen, was 0,027, 0,04, 0,054 und 0,08 mm auf der Platte entspricht. Diese Zahlen sind ein Maß für das Auflösungsvermögen der Aufnahmeapparatur. Das Ergebnis ist in Abb. 6 dargestellt. Man sieht deutlich, wie sich mit zunehmender Verschmierung das Intensitätsminimum wegen der Asymmetrie des Bandes immer mehr in Richtung wachsender Wellenlängen verschiebt. Die Abb. 5 gibt Registrierungen des A-Bandes wieder, die zeigen, daß die starke Auflösung der Abb. 6 a nie erreicht wird. Am häufigsten sind die Formen b und c, zwischen denen die Verschiebung des Intensitätsminimums 6 Å = 0,8 mm auf dem Registrierblatt beträgt. Das Mittel dieser beiden Formen wurde als Normalform betrachtet und dem A-Band die mittlere Wellenlänge λ 7608 zugeordnet.

Nach den allgemeinen Erfahrungen entspricht dem mittleren Luftzustand eine Zitterscheibe von 5″ (9), d. h. bei einer Brennweite von 137 cm etwa 0,03 mm auf der Platte. Man darf daher schließen, daß bei ruhiger Luft (Fall b) die Güte der optischen Abbildung die Grenze der Auflösung

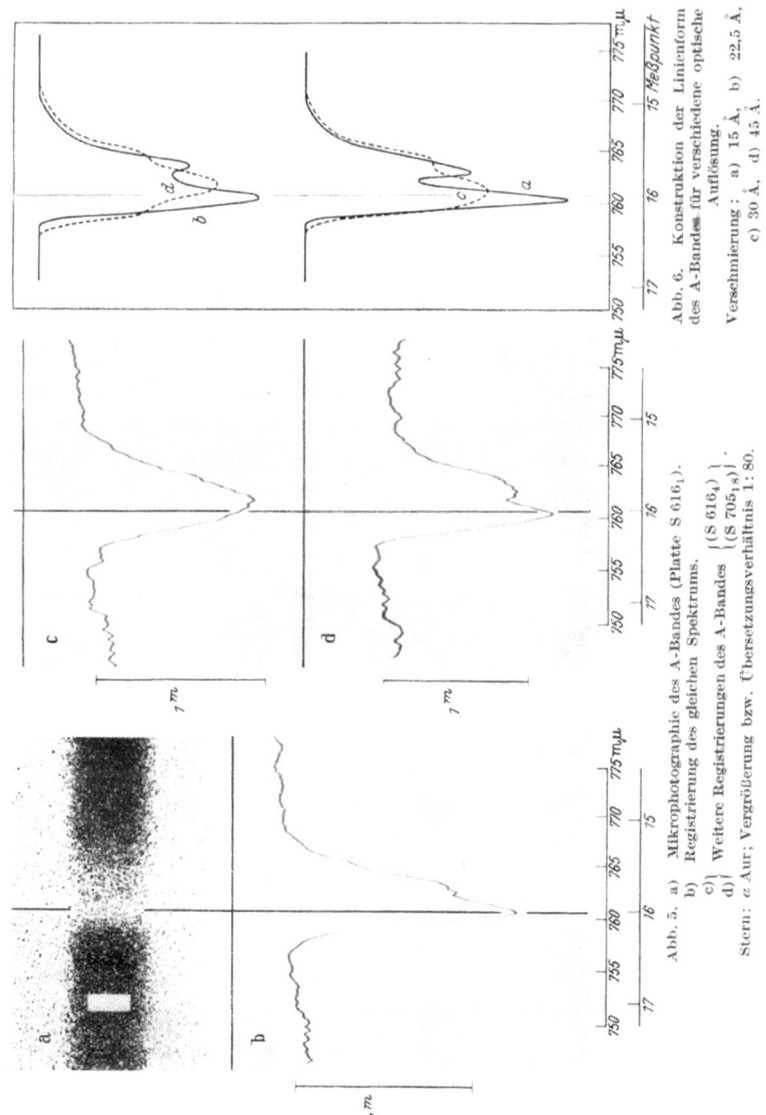

Abb. 5. a) Mikrophotographie des A-Bandes (Platte S 616₁).
b) Registrierung des gleichen Spektrums.
c) } Weitere Registrierungen des A-Bandes { (S 616₄)
d) } { (S 705₈) }.
Stern: α Aur; Vergrößerung bzw. Übersetzungsverhältnis 1:80.

Abb. 6. Konstruktion der Linienform des A-Bandes für verschiedene optische Auflösung. Verschmierung: a) 15 Å, b) 22,5 Å, c) 30 Å, d) 45 Å.

bestimmt, während bei großer Luftunruhe (Fall d) diese den Ausschlag gibt. Führungsfehler haben eine ähnliche Wirkung wie die Luftunruhe.

Für alle anderen Banden außer A wurden nur die Fälle a) und c) (Intervallbreite 0,009 bzw. 0,018 mm auf der Platte) berechnet und graphisch aufgetragen. Die Dispersionskurve wurde konstruiert mit den aus c) sich ergebenden Wellenlängen, die bei starker Abhängigkeit der Lage des Intensitätsminimums vom Auflösungsgrad durch eine kleine Korrektion auf das als Normalform betrachtete Mittel von b) und c) verbessert wurden.

Bei dem hier gewählten Verfahren sind Verzerrungen des Intensitätsverlaufes in der *Ordinatenrichtung* selbstverständlich zu erwarten, überdies wenn man mit Registrierkurven vergleicht, die keine lineare Intensitätsskala darstellen. Die *Abszissen* hingegen sind streng richtig, solange die Verzerrungen in der Ordinatenrichtung für alle Wellenlängen eines Bandes gleich sind, und das ist für diesen Zweck allein entscheidend.

Nachdem so für die Sauerstoffbanden A, B und α, sowie für die Wasserdampfbanden bei λ 6500, 7000, 7200, 7900, 8200 (Abb. 8b) die zu erwartende Form der Absorption und die zugehörigen Wellenlängen gefunden waren, wurde die Dispersionskurve bis λ 8200 festgelegt. Einige Registrierungen von 12 Programmplatten wurden hierzu ausgemessen. Brauchbar zur Dispersionsbestimmung waren allerdings nur die Banden A und B und λ 7200 und 8200, da die anderen Banden zu sehr im Plattenkorn untergingen, als daß sie sich immer eindeutig festlegen ließen.

Zur unabhängigen Nachprüfung des Verfahrens und zur Erweiterung des Wellenlängenbereiches wurden zwei unverbreiterte Aufnahmen des Sirius mit der Plattensorte Agfa 950 mit je 1^h Belichtungszeit gemacht. Auf diesen Platten konnten unter Zuhilfenahme der atmosphärischen Wasserdampfbanden bei λ 9400 die Paschenlinien des Wasserstoffs H_8 bis H_{16} identifiziert werden. Ferner wurde auf einer Platte Agfa 850 bei den Sternen α Ori und β Gem das infrarote Ca^+-Dublett mit Begleiter (λ 8662, 8540, 8498) zur Sicherung der Dispersionskurve mitbenutzt.

Tabelle 3 gibt die Dispersionskurve wieder, berechnet für die Meßpunkte der beiden Plattensorten. Der Abstand zweier Meßpunkte beträgt auf der Platte 0,165 mm.

c) Der Wellenlängennullpunkt. Bei dem Empfindlichkeitsverlauf der Emulsion bewirken kleine Verschiebungen des Wellenlängennullpunktes schon große Gradientenänderungen. Denn wenn beispielsweise dem Nullpunkt eine zu kurze Wellenlänge zugeordnet wird, werden alle Schwärzungen am langwelligen Steilabfall (lw. A.) zu groß und am kurzwelligen Abfall (kw. A.) zu klein gemessen. Der Betrag der Helligkeits- und Gradientenänderung soll hier an Hand der Seitenbilder von Abb. 3a ungefähr abgeschätzt werden: Die Neigungswinkel gegenüber der Abszisse betragen für

Die relative Energieverteilung im infraroten Spektrum usw.

Tabelle 3. Die Dispersionskurve.

	800					700			
x	λ	$\varDelta\lambda$	$\frac{1}{\lambda}$	$\varDelta\frac{1}{\lambda}$	x	λ	$\varDelta\lambda$	$\frac{1}{\lambda}$	$\varDelta\frac{1}{\lambda}$
5	8785	128	1,138	17	5	7734	91	1,293	15
6	8657	122	1,155	17	6	7643	88	1,308	14
7	8535	118	1,172	16	7	7555	85	1,324	15
8	8417	114	1,188	16	8	7470	82	1,339	15
9	8303	110	1,204	17	9	7388	80	1,354	14
10	8193	106	1,221	16	10	7308	78	1,368	15
11	8087	103	1,237	16	11	7230	75	1,383	15
12	7984	99	1,253	15	12	7155	73	1,398	14
13	7885	95	1,268	16	13	7082	71	1,412	14
14	7790	93	1,284	15	14	7011	69	1,426	15
15	7697	89	1,299	15	15	6942	67	1,441	14
16	7608	87	1,314	16	16	6875	66	1,455	14
17	7521	84	1,330	15	17	6809	63	1,469	13
18	7437	82	1,345	15	18	6746	62	1,482	14
19	7355	79	1,360	14	19	6684	60	1,496	14
20	7276	76	1,374	15	20	6624	58	1,510	13
21	7200	75	1,389	14	21	6566	57	1,523	14
22	7125	72	1,403	15	22	6509	56	1,537	13
23	7053	70	1,418	14	23	6453	54	1,550	13
24	6983	68	1,432	14	24	6399	53	1,563	13
25	6915	67	1,446	14	25	6346	52	1,576	13
26	6848	64	1,460	14	26	6294	50	1,589	13
27	6784	63	1,474	14	27	6244	49	1,602	12
28	6721	61	1,488	13	28	6195	48	1,614	13
29	6660	59	1,501	14	29	6147	47	1,627	12
30	6601	58	1,515	13	30	6100	46	1,639	13
31	6543	57	1,528	14	31	6054	45	1,652	12
32	6486	55	1,542	13	32	6009	43	1,664	12
33	6431	54	1,555	13	33	5966	43	1,676	12
34	6377		1,568		34	5923		1,688	

mittlere Schwärzungen bei den Wellenzahlen $1/\lambda = 1{,}49$ (kw. A.) und $1{,}35$ (lw. A.) etwa 60 und 80°. Die durch kleine Verschiebungen (δx) des Wellenlängennullpunktes hervorgerufenen Helligkeits- und Gradientenänderungen (δm und $\delta\Phi$) zeigt die folgende Tabelle:

Tabelle 4.

	δx	0,1	0,2	0,3	0,4 mm
$m_{\text{wahr}} - m_{\text{falsch}} = \delta m$	kw. A.	$-^{\text{m}}005$	$-^{\text{m}}011$	$-^{\text{m}}016$	$-^{\text{m}}022$
	lw. A.	$+,018$	$+,036$	$+,054$	$+,072$
$\Phi_{\text{wahr}} - \Phi_{\text{falsch}} = \delta\Phi$		$-,15$	$-,30$	$-,45$	$-,60$

Da hier $\Delta 1/\lambda$ nur 0,14 beträgt, braucht man sich über die großen $\delta \Phi$ nicht zu wundern; außerdem gehen in die späteren Gradientenbestimmungen nur zwei bis drei Meßpunkte des wirklichen *Steil*abfalles ein, deren Verfälschung im Durchschnitt einen zufälligen Charakter haben wird. Immerhin sollte man bei den *Helligkeitswerten* Fehler $> 0^m_\cdot05$ nicht mehr zulassen. Man muß also den Wellenlängennullpunkt auf $\pm 0,3$ mm festlegen können (d. h. $\pm 0,01$ mm auf der Platte!). Mit einer Sternlinie würde sich diese Genauigkeit ohne Schwierigkeit erreichen lassen. Leider fehlt im Bereich von λ 6000 bis 8500 eine intensive Sternlinie wie H/H_ε, die für *alle* Spektraltypen als Nullmarke brauchbar ist. Bei den atmosphärischen Banden A und B hinwiederum zeigte sich die starke Abhängigkeit des Minimums vom Auflösungsgrad.

Es wurde daher folgendes Verfahren angewandt: Als Nullmarken sollten die Banden A (für 800) und B (für 700) dienen. Um aber die Fehler, die durch verschiedenen Auflösungsgrad, sowie durch Änderung der Linienform infolge der Kornschwankungen entstehen, zu vermeiden, wurden alle starken Linien auf einem Spektrum zur Nullpunktsfestlegung mitbenutzt. Überdies eignete sich auch die Linien*form* der A- und B-Banden in halber Tiefe sehr gut hierzu (vgl. Abb. 5 und 6, b bis d), da durch den Auflösungsgrad das Verhältnis der Abstände der Mittellinie vom rechten und vom linken Rand kaum verändert wird.

Um alle auf einem Spektrum vorhandenen Merkmale für die Nullpunktsfestlegung nutzbar machen zu können, wurden alle Merkmale als feine Linien in richtigen Abständen in eine Glasplatte (mit Flußsäure) eingeätzt. Die Fehler der Abstände der geätzten Linien waren nicht größer als $\pm 0,1$ mm, und wurden später immer berücksichtigt. Mit dieser Platte konnte gewissermaßen mit einem Blick die beste Wellenlängenzuordnung für jede Registrierkurve gefunden, und der daraus folgende Nullpunkt bei den Banden A bzw. B durch eine dünne Bleistiftlinie festgelegt werden. Die Fehler der Zuordnung sind dabei sicher kleiner als $\pm 0,3$ mm.

Erwähnt sei noch, daß die Radialgeschwindigkeitsverschiebung von α Tau und α Aur gelegentlich in die Größenordnung 0,1 mm auf dem Registrierblatt kam. Sie wurde dann ebenfalls berücksichtigt. Bei β And und β Peg waren die atmosphärischen Banden zum Teil **stark** durch die Titanoxydbanden gestört, so daß die Mitbenutzung der Ti O-Absorptionskante bei λ 7035 zweckmäßig war.

d) Das Meßverfahren. Um eindeutig festzulegen, was gemessen werden sollte, wurden die äußersten Spitzen der Registrierkurven durch dünne Bleistiftlinien verbunden (Abb. 3). Damit auf jeden Fall die Meßpunkte

Die relative Energieverteilung im infraroten Spektrum usw. 171

unabhängig voneinander sind, wurden keine größeren Strecken als 4 mm, entsprechend dem Abstand der Meßpunkte, durch gerade Linien überbrückt.

Der Meßpunkt 16 wurde bei beiden Plattensorten zum Wellenlängennullpunkt gemacht. Bei ihm wurde das Kontinuum nicht gemessen. Alle Ordinaten wurden von der Marke VD (= völlige Dunkelheit) aus gezählt; die Marke KP (= klare Platte) wurde nur gemessen zur Kontrolle der Skala. Zur Festlegung der Marke KP wurde die Mitte der Kornschwankung benutzt.

e) Die Schwärzungskurven. Da nur ein Teil der Sterne immer mit Gitter aufgenommen werden konnte, war es zweifelhaft, ob auf jeder Platte bei jeder Sternzeit genügend Gitteraufnahmen *verschiedener* Sterne zur Verfügung standen, um daraus einwandfreie Schwärzungskurven zeichnen zu können. Daher wurden die ersten Aufnahmen (1935 Apr. 30 bis August 22) so angelegt, daß die Reduktion mit Zeitschwärzungskurven erfolgen konnte. Es ergab sich jedoch bald, daß die Gradation in dem Bereich der einzelnen Infrarotplatten nicht von der Wellenlänge abhängt. Dann aber genügen ein bis zwei Gitterspektren auf einer Platte vollauf, um die Schwärzungskurve für eine bestimmte Belichtungszeit zu zeichnen. Wegen der bekannten Nachteile von Zeitschwärzungskurven wurden daher bei allen Programmplatten nur Intensitätsschwärzungskurven benutzt und die eben erwähnten ersten Aufnahmen (auch wegen verschiedener anderer Mängel) von der weiteren Bearbeitung ausgeschlossen.

Wenn auch eine Änderung der Gradation mit der Wellenlänge im infraroten Bereich einer Plattensorte nach den ersten Reduktionen nicht zu erwarten war, so wurden doch alle sz-Kurven so gezeichnet, daß eine etwaige Wellenlängenabhängigkeit jederzeit erkannt werden konnte. Der Wellenlängenbereich einer Plattensorte wurde in drei (manchmal auch zwei) Einzelbereiche aufgeteilt, von denen der eine den ansteigenden Ast der Schwärzungen und die beiden anderen den absteigenden Ast der Schwärzungen umfaßten. Alle Punkte wurden mit verschiedenen Farben in eine Kurve zusammengezeichnet. Das Herausfallen der Punkte einer Farbe war dann leicht zu erkennen. Bei 11 von 214 Sätzen ergab sich bei den sz-Kurven zwischen dem ansteigenden und absteigenden Ast der Schwärzungen tatsächlich ein kleiner Unterschied; für sie wurden daher je zwei Schwärzungskurven gezeichnet.

Die Schwärzungskurve der Plattensorte 700 war bei der alten Emulsion so steil, daß sie bei der vorgegebenen Größe der Gitterkonstante nicht ganz eindeutig zu zeichnen war. Es ergaben sich zwei Möglichkeiten: entweder wurde der gerade Teil möglichst *lang* gemacht, oder die Kurve wurde so gelegt, daß die auftretenden *Krümmungen* möglichst klein waren. Die Abweichung der beiden Schwärzungskurven voneinander betrug *höchstens* 0^m025; ein ungünstig liegendes Intensitätsverhältnis konnte sich beim Übergang von der einen zur anderen Kurve um nicht mehr als 0^m04 ändern. Ernste systematische Fehler konnten dadurch nicht entstehen. Bevorzugt angewandt wurde nach den allgemeinen Erfahrungen das zweite Verfahren, d. h. die Krümmungen der Schwärzungskurve wurden möglichst klein gehalten.

6. Die photometrische Skala.

a) Energetische Gittereichung. Bei den Aufnahmen wurde in den ersten beiden Monaten das in (1) mit S bezeichnete Gitter benutzt. Der weitaus größte Teil der Platten (68 von 85) ist mit einem neuen Gitter S_n gewonnen, das alte Gitter wird zur Unterscheidung jetzt S_a benannt.

Beide Gitter wurden mit der in (1) und (3) beschriebenen Apparatur energetisch geeicht. Die Ergebnisse der Eichungen von S_a sind bereits in (1) zusammengestellt. Das neue Gitter, das mit Silberdraht bespannt ist, wurde sofort nach der Fertigstellung geeicht. Um die innere Genauigkeit der Messungen zu zeigen, seien die Messungen einzeln aufgeführt:

Tabelle 5.

Datum	Spalt vor der Photozelle				
	0,10	0,15	0,20	0,30	0,40 mm
	Konstante K_n				
1935 Nov. 28	1^m520	—	1^m518	—	1^m520
Nov. 30	1,517	—	1,517	—	1,520
	Konstante k_n				
1935 Nov. 30	0^m973	—	—	—	0^m969
Dez. 2	0,973	0^m972	0^m969	0^m965	0,971

Die Mittelwerte für K_n (Abblendung durch das Gitter) und k_n (Differenz zwischen Seiten- und Zentralbild) sind

$$K_n = 1^m519 \pm 0^m001,$$
$$k_n = 0,970 \pm 0,002.$$

Eine Spaltabhängigkeit der Messungen ist nicht festzustellen. Die aus K_n berechnete kleine Gitterkonstante ist

$$k'_n = 0^m967,$$

stimmt also völlig mit dem gemessenen Wert überein, so daß das Gitter als praktisch fehlerfrei betrachtet werden darf.

Die relative Energieverteilung im infraroten Spektrum usw. 173

Nach der Eichung wurde der Silberdraht mit einer Platinschutzschicht elektrolytisch überzogen[1]). Die Ergebnisse der Eichung in *diesem* Zustande sind in Tabelle 6 als Zeile II aufgeführt.

Tabelle 6.

	J. D.	Datum	K_n	k_n	k'_n	Δk_n	d in μ	Δd in μ
I	2 428 135 139	1935 Nov. 28 bis Dez. 2	$1^m\!,\!519$	$0^m\!,\!970$	$0^m\!,\!967$	$0^m\!,\!003$	603,8	+ 5,2
II	152	Dez. 15	1,538	0,950	0,948	0,002	609,0	− 1,6
III	152	Dez. 15	1,532	0,957	0,954	0,003	607,4	+ 4,0
IV	547 548	1937 Jan. 13 Jan. 14	1,547	0,950	0,939	0,011	611,4	
m. F.			$\pm 0^m\!,\!001$	$\pm 0^m\!,\!002$	$\pm 0^m\!,\!001$	$\pm 0^m\!,\!002$	$\pm 0,3$	$\pm 0,3$

(Die mittleren Fehler beziehen sich auf jeden einzelnen Wert der betreffenden Spalte.)

Die Vergrößerung von K_n um $0^m\!,\!019 \pm 0^m\!,\!001$ entspricht einem Anwachsen der aus K_n berechneten mittleren Drahtdicke d um $5{,}2 \pm 0{,}3$ µ. Ein Schwankungsbetrag Δk_n ist auch jetzt nicht nachweisbar.

Da noch einzelne lose Metallteilchen an den Drähten zu haften schienen, wurde das Gitter mit einem trockenen Wattebausch vorsichtig abgewischt und anschließend noch einmal geeicht. Aus der Zeile III in Tabelle 6 ersieht man, daß sich die mittlere Drahtdicke wieder um 1,6 µ verringert hat. *In diesem Zustande ist das Gitter dann für alle Programmaufnahmen benutzt worden.*

Die Wiederholung der Eichung nach 1 Jahr ergab die Werte in Zeile IV. Die Vergrößerung der Drahtdicke d und der Schwankung Δk_n läßt auf eine ungleichmäßige Oxydation schließen. Der durch die Meßgenauigkeit verbürgte Betrag von Δk_n ist allerdings immer noch so gering, daß das Gitter als gut bezeichnet werden kann. III und IV werden dargestellt durch:

$$K_n = 1^m\!,\!532 + 0^m\!,\!0375 \cdot (t - 2428{,}15)$$
$$k_n = 0{,}957 - 0{,}0175 \cdot (t - 2428{,}15) \quad \text{(Zeiteinheit } 1000^d\text{)}.$$

Bei der letzten Eichung wurden auch die Seitenbilder 3. Ordnung mitgemessen, und zwar wurden die Seitenbilder 1. und 3. Ordnung miteinander verglichen. Zur Überbrückung der Intensitätsdifferenz diente der Sektor $1^m\!,\!488$ mit je einer abgedeckten Sektorhälfte, so daß die Abschwächung

---

[1]) Die Sternwarte hat Herrn v. WARTENBERG dafür zu danken.

$2^m\!,\!234$ bzw. $2^m\!,\!247$ (je nachdem, welche Seite abgedeckt wurde) betrug. Die Meßergebnisse sind in der Abb. 7 dargestellt. Die Abhängigkeit von

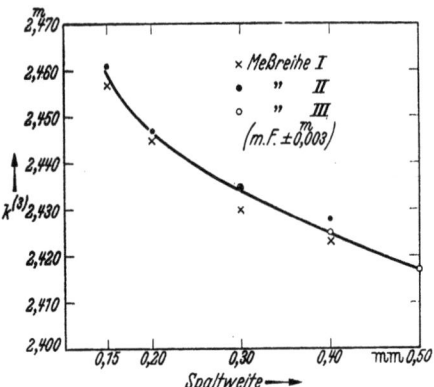

Abb. 7. Abhängigkeit der Gitterkonstante $k_n^{(3)}$ von der Spaltweite bei der energetischen Eichung.

der Spaltweite ist annähernd so groß, wie bei den Seitenbildern 1. Ordnung des Gitters S_a [Abb. 5, S. 223 in (1)].

b) Photographische Gittereichung. Obwohl man bei einem fehlerfreien Gitter sich mit der energetischen Eichung begnügen könnte, sind auch einige photographische Eichungen am Instrument vorgenommen worden. Besonders wichtig ist der Vergleich des Gitters S_a mit S_n. Die Eichung geschah durch Benutzung von Aufnahmen mit geeichten Platinfiltern. Zur Verfügung stand ein Platinfilter (Pf) mit einer Absorption von etwa $0^m\!,\!9$, sowie ein Platinhalbfilter (Phf) von etwa $1^m\!,\!7$, das nur den blauen Teil des Spektrums bei der Aufnahme überdeckte. Die Filter waren in Abhängigkeit vom Ort und von der Wellenlänge für die in Frage kommenden Spektralbereiche geeicht worden.

Die Konstanten des Gitters S_n. Die Aufnahmen wurden auf vier Platten so angelegt, daß sie gleichzeitig sowohl für das Programm als auch für die Gittereichung verwandt werden konnten. Da nur die hellsten Sterne mit Gitter *und* Filter eine ausreichende Schwärzung ergaben, kamen nur α Lyr, α Aur und α Boo in Frage. Über die vorhandenen Platten und die Anordnung der Aufnahmen gibt die Tabelle 7 Auskunft.

Da die Platten S 680, 687, 689 mit Phf aufgenommen waren, konnte die Gitterkonstante natürlich nur im blauen Spektralbereich bestimmt werden (die Lage der Meßpunkte ist aus Abb. 2 zu ersehen), während bei

Die relative Energieverteilung im infraroten Spektrum usw. 175

den anderen Platten Bestimmungen im Blau *und* Infrarot möglich waren. Die Platte S 709 wurde für den unmittelbaren Vergleich der beiden Gitter S_n und S_a aufgenommen.

Tabelle 7.

Bild	Platten (Plattensorten)		
	S 680 (800) 687 (700) 689 (700)	S 702 (700)	S 709 (800)
1	α Lyr o Pbf	α Boo o Pf	α Boo o Pf, S_n
2	α Aur o Pbf	α Aur o Pf	α Boo m Pf, S_n
3	α Aur m Pbf	α Aur m Pf	α Boo m Pf, S_a
4	α Lyr m Pbf	α Boo m Pf	α Boo o Pf, S_a
5	α Lyr m Pbf	α Boo m Pf	α Boo m Pf, S_a
6	α Aur m Pbf	α Aur m Pf	α Boo m Pf, S_a
7	α Aur o Pbf	α Aur o Pf	α Boo m Pf, S_n
8	α Lyr o Pbf	α Boo o Pf	α Boo o Pf, S_n

Aus den Beobachtungen konnten sowohl die normalen Anschlüsse 1—2, 4—3, 5—6, 8—7, sowie die Eichanschlüsse 1—4, 2—3, 8—5, 7—6 gebildet werden. Die Ergebnisse für S_n sind in Tabelle 8 zusammengestellt.

Tabelle 8.

J. D.	Platten	k_{rot}	k_{blau}	N	$\|\Delta \sec z\|$	D	p
2 428 453	S 680		$0^m\!.899$	3	0,196	4	1
511	687		0,954	4	0,097	2	4
517	689		0,950	3	0,066	1—2	4
635	702	$0^m\!.978$	0,979	3	0,095	4	2
657	709	0,961	0,955	4	0,018	2—3	6

Es bedeutet N die Anzahl der brauchbaren Einzelanschlüsse einer Platte, $|\Delta \sec z|$ den mittleren absoluten Betrag der atmosphärischen Weglängendifferenz eines Einzelanschlusses, D die allgemeine Luftdurchsicht in einer Skala von 1 (sehr gut) bis 5 (sehr schlecht) und p das nach den drei vorhergehenden Spalten abgeschätzte Gewicht.

In den Zahlen ist weder ein Gang mit der Zeit noch eine Abhängigkeit von der Wellenlänge vorhanden. Das Mittel $k_n = 0^m\!.957 \pm 0^m\!.01$ stimmt überein mit dem energetischen Wert der gleichen Epoche nach der Formel für k_n auf S. 173: $0^m\!.950 \pm 0^m\!.002$. Es wird als endgültig für diese Epoche $0^m\!.951 \pm 0^m\!.003$ angenommen. Dadurch ändert sich nur das Zeitglied in k_n, so daß sich die im Programm benutzte Formel ergibt:

$$k_n = 0^m\!.957 - 0^m\!.0150\,(t - 2428{,}15)$$
$$\pm\ 3 \qquad \pm\ 30$$

Die Konstanten des Gitters S_a. Aus der Platte S 709 ließ sich die Gitterkonstante des Gitters S_a auf zweierlei Weise herleiten; S_a konnte nämlich sowohl an S_n als auch an das Platinfilter angeschlossen werden.

Nach der zweiten Methode ergab sich $k_a = 0\overset{m}{.}998 \pm 0\overset{m}{.}025$, während man nach der ersten unter Benutzung des endgültigen Wertes für k_n für die Epoche der Platte S 709: $k_a = 1\overset{m}{.}022 \pm 0\overset{m}{.}016$ erhält. Die Abweichung liegt noch innerhalb der mittleren Fehlergrenzen; ein Grund läßt sich für sie nicht angeben.

Bemerkenswert ist im Hinblick auf den schlechten Zustand des Gitters S_a die bei dieser Platte sicher verbürgte Schwärzungsabhängigkeit von k_a. Bei Aufteilung in drei Schwärzungsbereiche (I = große, II = mittlere, III = kleine Schwärzung) erhält man für k_a nach beiden Methoden:

Tabelle 9.

Methode	I	II	III
Durch Anschluß an das Filter	$0\overset{m}{.}965$	$0\overset{m}{.}992$	$1\overset{m}{.}023$
Aus k_a/k_n	0,994	1,019	1,039
Mittel	$0\overset{m}{.}980$	$1\overset{m}{.}006$	$1\overset{m}{.}031$

Die Schwärzungsabhängigkeit verläuft in dem Sinne, daß bei geringer Schwärzung die Gitterkonstante größer wird, d. h. dann ist das Streulicht der Gitterunregelmäßigkeiten zu schwach, um den Schwellenwert der Platte zu übersteigen. Da die Abhängigkeit aber noch innerhalb der für einen einzelnen Anschluß zulässigen Genauigkeit liegt, wurde auf ihre Berücksichtigung verzichtet und das gewogene Mittel aller Werte

$$k_a = 1\overset{m}{.}010 \pm 0\overset{m}{.}020$$

verwendet; und zwar nicht allein für die Epoche von S 709, sondern auch für die 17 noch mit S_a aufgenommenen Platten (J. D. 2428086—148). Die in (1) verwendete Formel ergäbe für diesen Zeitraum die Werte $1\overset{m}{.}013$ bis $1\overset{m}{.}018$.

Für die große Gitterkonstante K_a wurde nicht der Wert aus der Formel in (1) ($K_a = 1\overset{m}{.}548$), sondern der zur Zeit der Beobachtungen energetisch gemessene benutzt:

$$K_a = 1\overset{m}{.}553 \pm 0\overset{m}{.}003.$$

Die Konstante der Seitenbilder 3. Ordnung des Gitters S_n. Die Kenntnis der Konstante $k_n^{(3)}$ war einmal für die Beurteilung des Gitters an und für

Die relative Energieverteilung im infraroten Spektrum usw. 177

sich schon erwünscht, zum anderen aber in diesem Falle zur Bearbeitung der Extinktionsaufnahmen notwendig. Sie wurde aus acht.Platten mit den Sternen α Lyr, α Aur, α Boo unter Zugrundelegung von k_n bestimmt. Eine Schwärzungsabhängigkeit kommt in ähnlicher Größenordnung wie bei den Seitenbildern 1. Ordnung von S_a heraus, ist aber hier schlecht verbürgt, da nur mittlere und schwache Schwärzungen vorkommen.

Bemerkenswerter ist, daß die frühen Typen ein kleineres $k_n^{(3)}$ als die späten Typen ergeben, vermutlich da infolge der etwas schlechteren außeraxialen Abbildung das durch die Linienspitzen gezogene Kontinuum bei linienreichen Spektren etwas gedrückt wird. Die betreffenden Werte sind:

	α Lyr	α Aur	α Boo	
$k_n^{(3)}$	$2^{m}_{.}419$	$2^{m}_{.}453$	$2^{m}_{.}471$	$(\pm 0^{m}_{.}010)$

Der mittlere Fehler ist aus der inneren Übereinstimmung abgeleitet und sicherlich etwas zu klein. Bei der Benutzung von $k_n^{(3)}$ wurde die Abhängigkeit vom Spektraltyp berücksichtigt.

Das gewogene Mittel dieser drei Werte ist

$$k_n^{(3)} = 2^{m}_{.}439.$$

Aus Abb. 7 entnimmt man zu diesem Wert eine Spaltweite von 0,25 mm. Dieser Wert entspricht der Erwartung, wenn man bedenkt, daß die Aufnahmen um 0,12 mm verbreitert sind, daß also zum Aufbau des 0,12 mm breiten mittleren Streifens der verbreiterten Bilder ein Lichtbündel der doppelten Breite beiträgt.

7. Die Extinktion.

Von den Programmsternen erfüllte nur das Paar γ Cyg/α Per die für Extinktionsbeobachtungen nötigen Bedingungen [vgl. (3)]. Es ist zwar an etwa 15 Tagen im Osten *und* Westen zur Bestimmung der Extinktion ausnutzbar; doch glückten infolge der ungünstigen Witterungsverhältnisse nur in zwei Nächten (1936 Sept. 11 und 12) Extinktionsbeobachtungen im Osten und Westen mit beiden Plattensorten. Die atmosphärische Weglängendifferenz betrug dabei im Mittel zwischen dem hohen und dem tiefen Stern $\Delta \sec z = 1{,}18$. Es war deshalb nötig, durch Vergleich mit den Extinktionsbestimmungen anderer Beobachter festzustellen, wie die Schätzungswerte 1 bis 5 der Luftdurchsicht bei den Programmbeobachtungen den

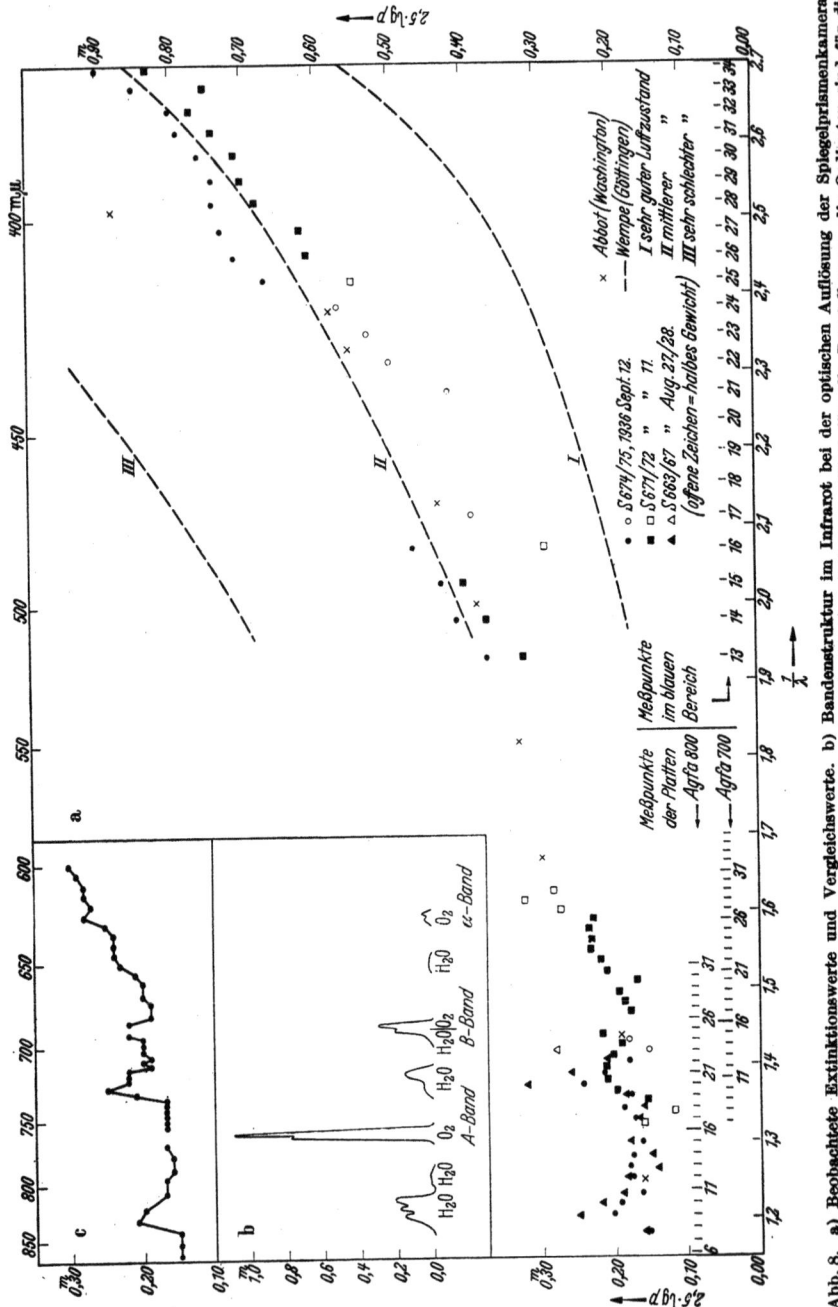

Abb. 8. a) Beobachtete Extinktionswerte und Vergleichswerte. b) Bandenstruktur im Infrarot bei der optischen Auflösung der Spiegelprismenkamera. c) Endgültige Extinktionswerte für mittlere Extinktion im Infrarot. Die Abszisseneinteilungen gelten für alle Darstellungen; die Ordinaten sind für die drei Figuren getrennt angegeben.

Extinktionswerten zuzuordnen waren. Diese Frage wurde durch Anschluß an die Beobachtungen von WEMPE (3) entschieden, der die Göttinger Extinktion für drei verschiedene Durchsichtigkeitsstufen I (sehr gut), II (mittel), III (sehr schlecht) bestimmte (vgl. Abb. 8a).

Der Vergleich mit WEMPE erforderte die Auswertung der Aufnahmen im blauen Spektralbereich, der ursprünglich durch das bereits erwähnte Platinhalbfilter auf mittlere Schwärzungen gedrückt werden sollte. Da das Filter aber nicht rechtzeitig geliefert wurde, mußte auf die Verwendung des zu stark geschwärzten mittleren Teiles im blauen Bereich verzichtet werden. Zur Ableitung der Schwärzungskurve müßten die Seitenbilder 3. Ordnung herangezogen werden.

In Abb. 8a stellen die Quadrate die Werte der ersten Nacht dar, in der die allgemeine Luftdurchsicht D auf 1 bis 2 geschätzt worden war, die Punkte (Kreise) die der folgenden Nacht ($D = 2$). Die Extinktion war in der zweiten Nacht tatsächlich etwas größer als in der ersten; die Schätzung $D = 1$ bis 2 oder 2 entspricht WEMPES mittlerem Luftzustand (II). WEMPE fand in diesem Falle in dem theoretischen Gesetz für den Absorptionskoeffizienten $k = \text{const} \cdot \lambda^{-\alpha}$ den Wert $\alpha = 2{,}35 \pm 0{,}12$; das vorliegende Material liefert in guter Übereinstimmung $\alpha = 2{,}25 \pm 0{,}05$.

Die von ABBOT (10) bolometrisch bestimmten Werte der mittleren Extinktion in Washington ($\times$ in Abb. 8a) fügen sich dem Gesamtverlauf befriedigend ein.

Um Einzelheiten im infraroten Gebiet des Extinktionsverlaufs zu sichern, wurden zwei im Westen mit α Lyr/α Boo früher (1936 Aug. 27 und 28, $D = 1$ bis 2 und 2 bis 3) gemachte Anschlüsse mit herangezogen. Die Ergebnisse dieser beiden Platten sind gemittelt in Abb. 8a als Dreiecke eingetragen. Da hier die absolute Luft*feuchtigkeit* größer war als bei den anderen Extinktionsaufnahmen (9,4 gegenüber 6,8 $g \cdot m^{-3}$), macht sich der Einfluß der Wasserdampfbanden (insbesondere λ 8200 und 7200) stärker bemerkbar. Wichtig ist allerdings auch die Luft*unruhe*; denn gerade die nicht aufgelösten Teile der Wasserdampfbanden drücken das Kontinuum besonders stark. Das geht aus dem Vergleich der Abb. 8b und c hervor. Die Werte in Abb. 8c sind durch Mittelung der vier Extinktionsbestimmungen entstanden; sie zeigen bei den Wasserdampfbanden λ 8200 und 7200 ein Maximum im Bereich der schlecht aufgelösten mittleren und schwachen Bandenintensität.

Die Zuordnung von D zu den verschiedenen Extinktionsverläufen wurde nun so vorgenommen, daß für $D = 1$ bis 2 oder 2 die Werte von Abb. 8c unverändert übernommen wurden. Für bessere oder schlechtere Luftdurchsicht dagegen wurden die Werte mit den Faktoren 3/4 für $D = 1$, mit 4/3 für $D = 2$ bis 3 und 3, mit 3/2 für $D = 3$ bis 4 und 4 und mit 2 für $D = 4$ bis 5 und 5 multipliziert. Nur in seltenen Fällen kam nach Berücksichtigung dieser Faktoren in einem Anschluß eine Extinktionsdifferenz von $0^m\!.15$ vor. Auf besondere Verbesserungen wegen Luftfeuchtigkeitsänderungen wurde verzichtet, da die am Boden gemessene absolute Luftfeuchtigkeit nicht immer für den gesamten Wasserdampfgehalt der Luft kennzeichnend ist und überdies auch die spektrale Auflösung eine entscheidende Rolle spielt.

Für eine schnelle und bequeme Bestimmung der atmosphärischen Weglängendifferenzen ($\varDelta$ sec z) wurde sec z für jeden Stern in Abhängigkeit von der Sternzeit graphisch aufgetragen. Mittels einer auf einem Winkel angebrachten sec z-Skala konnte für jeden Anschluß $\varDelta$ sec z unmittelbar abgelesen werden.

8. Die beobachteten $\varDelta m$.

Bei der Bildung der Helligkeitsdifferenzen spielt bei diesem Material die Gewichtserteilung der einzelnen Helligkeitswerte eine wichtige Rolle, da sehr große und sehr kleine Schwärzungen fast ebenso häufig sind wie die mittleren, die eigentlich bei spektralphotometrischen Untersuchungen den Hauptteil ausmachen sollten. Schon für die Mittelung der Einzelbilder einer Aufnahme mußte berücksichtigt werden, daß z. B. die Seitenbilder häufig schon sehr kleine Schwärzungen haben oder ganz ausfallen, wenn die Zentralbilder noch auf dem geraden Teil der Schwärzungskurve liegen.

Bei der Mittelung von s und z erhielten die großen und kleinen Schwärzungen halbes bzw. viertel Gewicht je nach dem Neigungswinkel der Schwärzungskurve; bei den kleinen Schwärzungen wurde außerdem der Einfluß der Kornschwankung durch weitere Gewichtsverminderung berücksichtigt.

Bei der Bildung der $\varDelta m$ erhielt ein normaler symmetrischer Gitteranschluß ($abba$) das Grundgewicht 8, dagegen ein symmetrischer Anschluß aus acht Bildern ohne Gitter ($aabbbbaa$) das Grundgewicht 12. Es wird also eine Gitteraufnahme trotz der drei Einzelspektren nur 4/3 einfachen Aufnahmen gleichgerechnet, da die meisten Fehler bei den Aufnahmen entstehen, also auf eine Aufnahme als Ganzes gleichmäßig wirken. Die Meßpunkte 7 und 8 bei 800 sowie 8 und 9 bei 700 erhielten durchweg nur halbes Gewicht wegen der Steilheit des Empfindlichkeitsverlaufes der Platte.

Für die Netzausgleichung wurden die Werte von je zwei benachbarten Meßpunkten einer Plattensorte, im Bereich mittlerer Wellenlängen außerdem die Werte beider Plattensorten gemittelt, nachdem festgestellt worden war, daß systematische Unterschiede zwischen beiden Plattensorten nicht vorhanden sind. Die Art der Zusammenfassung ist aus der ersten Spalte der Tabelle 10 zu ersehen (die eingeklammerten Meßpunkte sind nicht bei allen Einzelanschlüssen vorhanden). Die zugehörigen reziproken Wellenlängen in der zweiten Spalte sind wie üblich in Einheiten von 10^4 cm^{-1} aufgeführt. Die Tabelle gibt die später der Ausgleichung unterworfenen Δm; rechts daneben stehen die aus der Ausgleichung folgenden Reste, die mit umgekehrten Vorzeichen an die beobachteten Δm anzubringen sind, um diese auf das ausgeglichene Netz zu bringen.

Erwähnt werden muß noch, daß bei den Verbindungen mit den vier späten Typen (5, 31, 38 und 40) die Mittelwerte der Tabelle 10 im Bereich der starken Ti O-Banden $1/\lambda = 1,35$ bis $1,54$ nicht rechnerisch, sondern nur graphisch ermittelt werden konnten.

Am Kopf jeder Spalte findet man unter der Bezeichnung der Sterne die Zahl der Einzelsätze mit den Plattensorten 800 und 700, sowie hinter dem Strichpunkt das Gewicht, mit dem die Verbindung in die Ausgleichung eingeht.

9. Die Netzausgleichung.

Das Verfahren der Ausgleichung aller beobachteten Helligkeitsdifferenzen ist dasselbe wie in (1). Wegen der stärkeren Verkettung der Sterne untereinander war die Konvergenz besser als bei S und T, so daß häufig schon drei Näherungen genügten.

Den Gewichten der Verbindungen in der Ausgleichung liegen die der Einzelanschlüsse zugrunde. Bei der Mittelung der Δm aus den Einzelsätzen waren bei jeder Wellenlänge die zugehörigen Gewichte addiert worden. Wenn auch die Gewichte sich von Wellenlänge zu Wellenlänge naturgemäß stark verändern, so sind doch die relativen Gewichte aller Verbindungen bei den einzelnen Wellenlängen nahezu gleich. Um ein bequemes Gewichtssystem zu bekommen, wurden die Gewichtssummen bei $1/\lambda = 1,364$ durch 20 dividiert und auf ganze Zahlen p abgerundet. Diese wurden bei 41 Verbindungen als endgültige Gewichte übernommen; nur bei 13 Verbindungen mußten sie aus verschiedenen Gründen noch etwas verkleinert

Tabelle 10. Die beobachteten relativen Δm (Einheit $0^{\mathrm{m}}001$).

Meßpunkt		$\frac{1}{\lambda}$	2—3		2—9		2—15		2—32	
800	700		2, 2; 1		3, 1; 2		2, 1; 1		2, 2; 1	
(7)		1,172			+ 705	4			+ 1920	8
8, 9		1,196	+ 727	23	668	14	+ 2685	2	1820	8
10, 11		1,229	687	32	649	4	2678	26	1806	7
12, 13		1,260	686	13	650	5	2663	27	1799	21
14, 15		1,292	732	5	654	12	2644	16	1804	31
17, 18	(7), 8	1,336	618	3	601	5	2618	40	1860	12
19, 20	9, 10	1,364	578	19	600	3	2552	17	1888	10
21, 22	11, 12	1,393	542	4	602	2	2552	40	1895	17
23, 24	13, 14	1,421	507	8	627	23	2538	23	1907	29
25, 26	15	1,447	495	26	620	17	2545	22	1916	35
27, 28	17, 18	1,476	474	10	547	5	2477	11	1936	6
(29, 30)	19, 20	1,503	438	2	558	4	2467	20	1961	5
(31, 32)	21, 22	1,530	434	1	568	2	2491	16	2019	4
(33, 34)	23, 24	1,556	440	61	506	29	2428	4	2055	17
	25, 26	1,582	+ 485	129	516	21	2393	10	+ 2027	46
	(27, 28)	1,608			+ 496	59	+ 2386	58		
	(29, 30)	1,633								
	(31, 32)	1,658								
	(33, 34)	1,682								

$\frac{1}{\lambda}$	2—34		3—9		3—15		3—32		3—34	
	1, 1; 1		1, 2; 2		2, 1; 1		2, 3; 2		1, 1; 2	
1,172					+ 1886					
1,196	+ 347	17	− 166	70	1953	20	+ 1130	68	− 405	19
1,229	334	7	109	35	1948	15	1117	23	400	8
1,260	320	8	086	32	1953	16	1136	15	367	4
1,292	296	11	100	15	1905	4	1112	4	405	15
1,336	254	22	− 040	31	1965	2	1279	22	330	9
1,364	225	31	+ 022	16	1999	23	1343	4	294	9
1,393	236	24	023	43	2006	32	1373	1	247	31
1,421	216	31	045	44	2015	15	1426	5	241	27
1,447	232	0	050	32	2007	5	1452	22	293	4
1,476	206	2	071	17	2018	16	1477	1	243	13
1,503	172	19	094	20	1994	13	1532	6	229	20
1,530	214	9	085	52	2062	20	1614	24	191	19
1,556	162	17	125	31	2077	24	1664	5	167	33
1,582	+ 141	50	174	7	2096	49	1694	23	129	36
1,608			292	33	2025	7	1714	16	156	22
1,633			+ 298	62	1991	57	+ 1694	65	− 090	60
1,658					+ 2131					
1,682										

Die relative Energieverteilung im infraroten Spektrum usw. 183

Tabelle 10 (Fortsetzung).

$\frac{1}{\lambda}$	5—15 2, 3: 2		5—19 1, 3; 3		5—32 2, 1; 2		5—38 (4, 3; 3)		5—40 2, 2; 2	
1,172	+ 820	116	+ 171	54	+ 231	122	+ 071	43	+ 981	62
1,196	906	38	016	25	122	49	136	42	1057	23
1,229	1025	26	029	39	164	4	167	42	1082	27
1,260	1063	4	110	8	250	1	+ 106	52	1105	18
1,292	1148	14	176	19	327	14	− 026	68	1147	28
1,336	1121	20	113	33	390	5	+ 145	43	1106	33
1,364	1165	11	196	35	560	21	+ 040	75	1118	40
1,393	1450	9	488	3	850	9	− 285	76	1138	17
1,421	1350	40	310	24	710	21	057	38	1144	17
1,447	1410	25	410	2	810	3	150	77	1094	20
1,476	1559	34	520	31	1005	4	355	150	1157	8
1,503	1520	9	512	7	1050	20	300	99	1138	18
1,530	1535	43	477	20	1044	4	182	75	1124	16
1,556	1545	16	500	16	1154	19	172	97	1107	9
1,582	+ 1500	108	682	57	1278	0	− 192	120	+ 1092	6
1,608			+ 652	18	+ 1359	17				
1,633										
1,658										
1,682										

$\frac{1}{\lambda}$	9—15 2, 1; 1		9—16 1, 1; 2		9—34 2, 2; 3		9—35 1, 1; 1		9—40 1, 1; 1	
1,172	+ 2066	36	− 514	27	− 286	71				
1,196	2031	2	585	35	− 296	6	+ 152	31	+ 2062	57
1,229	2023	16	528	8	343	25	152	34	2047	16
1,260	2032	41	514	15	343	26	172	44	1976	35
1,292	2004	18	476	1	348	13	191	36	1952	19
1,336	2003	31	423	12	347	17	206	11	1904	40
1,364	1984	46	366	5	356	15	241	33	1786	54
1,393	1928	20	381	17	369	25	219	9	1607	15
1,421	1941	30	355	17	358	1	192	14	1709	19
1,447	1983	63	321	24	372	1	240	0	1611	38
1,476	1939	25	276	13	348	4	270	10	1520	18
1,503	1976	83	228	13	386	23	281	5	1523	15
1,530	1938	33	204	19	377	30	329	15	1556	3
1,556	1944	47	147	36	382	26	376	9	1466	18
1,582	1928	62	089	8	358	12	352	18	1323	33
1,608	1929	156	117	43	424	31	362	9	999	62
1,633	+ 1914	102	− 035	15	− 410	24	338	13	1346	23
1,658							+ 342	61	+ 1142	58
1,682										

Tabelle 10 (Fortsetzung).

$\frac{1}{\lambda}$	15—16 2, 2: 2		15—19 3, 6; 4		15—23 2, 1; 2		15—25 2, 5; 3		15—32 6, 6; 4	
1,172	− 2623	52	− 944	125	− 2562	13	+ 574	94	− 759	68
1,196	2558	21	955	52	2632	41	599	3	841	30
1,229	2502	25	977	46	2562	4	576	16	784	55
1,260	2460	30	982	33	2568	14	549	10	774	42
1,292	2446	17	977	38	2548	34	554	3	745	48
1,336	2362	21	971	16	2503	49	529	18	676	30
1,364	2284	15	962	17	2403	25	508	12	622	15
1,393	2260	12	959	9	2331	22	492	2	583	17
1,421	2233	16	976	0	2315	22	478	25	558	21
1,447	2199	18	968	5	2312	11	432	17	570	2
1,476	2164	13	987	13	2248	15	427	8	514	10
1,503	2101	7	990	2	2246	16	401	10	478	3
1,530	2072	18	995	0	2204	21	415	33	461	9
1,556	1987	21	1033	20	2165	28	376	18	377	17
1,582	1979	16	1002	19	2112	41	386	18	332	2
1,608	1803	44	1082	38	2098	38	396	50	308	6
1,633	− 1816	16	− 1062	7	2010	2	362	15	299	10
1,658					− 2070	70	324	34	− 257	30
1,682							+ 315			

$\frac{1}{\lambda}$	15—35 1, 2; 1		15—38 (2, 2; 2)		15—40 3, 2; 2		16—24 2, 0; 1		19—21 3, 2; 2	
1,172	− 1846	23	− 972	64	+ 133	26	− 238	24	− 571	10
1,196	1867	41	896	46	100	10	314	31	563	9
1,229	1842	47	906	32	057	1	273	35	586	5
1,260	1837	26	1054	41	+ 029	9	280	30	562	23
1,292	1794	37	1287	59	− 014	1	262	38	586	0
1,336	1725	52	1040	41	016	12	268	15	601	9
1,364	1697	33	1245	34	091	7	276	20	613	1
1,393	1667	31	1860	58	262	24	263	10	599	4
1,421	1668	37	1485	80	195	12	279	4	609	7
1,447	1690	10	1690	78	240	31	312	12	565	44
1,476	1615	19	2120	90	363	13	287	1	598	4
1,503	1568	39	1988	78	349	6	314	12	583	7
1,530	1502	59	1835	86	330	22	280	0	613	4
1,556	1483	47	− 1925	127	387	26	− 338	32	628	26
1,582	1414	82			496	14			570	18
1,608	− 1311	109			676	36			590	48
1,633					419	24				
1,658					− 419	60				
1,682										

Die relative Energieverteilung im infraroten Spektrum usw. 185

Tabelle 10 (Fortsetzung).

$\frac{1}{\lambda}$	19—23		19—24		19—25		19—26		19—40	
	2, 1; 2		1, 1; 2		4, 2; 2		2, 2; 2		2, 1; 2	
1,172	− 1839	83	− 1976	10			− 390	25	+ 963	37
1,196	1754	66	1997	38	+ 1486	19	409	20	990	3
1,229	1668	41	1952	48	1515	8	423	22	967	20
1,260	1616	11	1904	53	1490	18	432	15	963	6
1,292	1582	7	1871	47	1470	20	456	13	905	19
1,336	1507	8	1739	28	1466	0	466	14	900	27
1,364	1440	7	1675	25	1416	25	491	8	829	18
1,393	1394	35	1557	18	1416	24	529	19	667	3
1,421	1339	22	1571	23	1425	4	518	15	796	3
1,447	1327	1	1557	13	1359	29	583	4	712	10
1,476	1308	19	1512	23	1368	25	600	1	591	7
1,503	1245	7	1439	21	1372	11	591	5	658	21
1,530	1160	28	1396	21	1339	38	610	11	638	5
1,556	1094	30	1307	6	1329	42	657	17	605	5
1,582	1074	14	1268	15	+ 1308	43	662	34	481	8
1,608	990	26	1196	48			684	25	+ 324	8
1,633	− 932	21	− 1111	16			− 629	11		
1,658										
1,682										

$\frac{1}{\lambda}$	21—25		21—26		21—31		21—32		23—24	
	1, 3; 2		2, 2; 3		1, 1; 2		2, 2; 2		2, 2; 2	
1,172	+ 2119	51	+ 219	3	+ 171	54	+ 474	99	− 286	76
1,196	2138	61	221	38	057	49	544	60	261	10
1,229	2119	15	186	6	128	11	633	40	272	5
1,260	2100	7	164	4	100	7	730	12	238	8
1,292	2081	5	134	9	047	22	759	27	248	1
1,336	2059	1	132	8	051	17	858	17	215	3
1,364	2060	7	121	8	+ 018	11	936	16	216	1
1,393	2033	2	048	1	− 104	7	935	10	225	9
1,421	2026	5	063	6	024	8	1000	1	229	2
1,447	2017	20	+ 026	4	078	14	1028	18	232	16
1,476	1976	11	− 012	5	184	28	1086	42	191	9
1,503	1995	22	028	22	171	2	1114	13	176	4
1,530	1995	9	022	10	190	25	1179	27	164	23
1,556	1939	34	027	11	199	12	1252	31	167	10
1,582	1941	2	128	20	291	4	1272	31	153	12
1,608	+ 1880	52	− 172	5	446	46	1340	56	105	27
1,633					− 256		+ 1372		137	5
1,658									− 143	8
1,682										

Tabelle 10 (Fortsetzung).

$\frac{1}{\lambda}$	23—25 2, 2; 2		23—32 1, 1; 1		24—32 2, 2; 2		25—26 3, 2; 3		25—31 2, 2; 3	
1,172			+ 1753	5	+ 1849	109	− 1879	27	− 2017	66
1,196	+ 3089	104	1688	32	1950	41	1924	30	1981	10
1,229	3085	65	1747	28	1972	24	1927	3	2014	27
1,260	3065	48	1761	23	1954	30	1927	2	2038	38
1,292	3014	51	1732	11	1944	26	1922	11	2029	22
1,336	2911	54	1747	1	1938	22	1917	1	2016	26
1,364	2844	30	1733	8	1944	14	1925	1	2054	30
1,393	2751	48	1708	1	1929	4	2022	34	2172	26
1,421	2699	47	1719	5	1922	23	1969	7	2084	21
1,447	2697	19	1781	52	1912	33	1972	5	2130	41
1,476	2657	25	1764	25	1925	14	2001	7	2158	15
1,503	2590	31	1750	1	1909	20	1978	1	2154	8
1,530	2548	17	1731	0	1921	3	2006	8	2159	8
1,556	2491	4	1725	18	1914	6	2011	0	2196	36
1,582	2434	5	1720	21	1909	3	2064	17	2254	20
1,608	2386	20	1697	61	1893	3	2201	102	− 2331	1
1,633	2361	6	1713	6	1863	2	− 2011	9		
1,658	+ 2281	9	1712	61	1933	9				
1,682			+ 1778		+ 1889					

$\frac{1}{\lambda}$	25—32 3, 3; 3		25—34 1, 1; 2		25—35 1, 1; 2		26—31 2, 3; 3		26—32 2, 2; 2	
1,172	− 1430	65			− 2487	50	− 086	13	+ 296	61
1,196	1474	1	− 2893	28	2530	20	079	2	419	2
1,229	1435	4	2910	7	2510	29	076	13	496	3
1,260	1388	13	2867	0	2416	6	090	15	548	2
1,292	1358	14	2872	0	2401	19	095	21	610	21
1,336	1209	8	2810	3	2295	7	107	35	727	26
1,364	1125	8	2734	41	2258	32	112	12	791	0
1,393	1068	22	2750	8	2192	4	171	13	886	12
1,421	1019	13	2718	3	2154	4	095	6	917	13
1,447	951	36	2717	11	2072	23	114	8	948	32
1,476	924	19	2711	34	2063	10	147	2	1034	17
1,503	851	21	2663	16	2000	2	157	10	1068	39
1,530	796	38	2630	4	1974	31	133	20	1116	48
1,556	738	14	2641	30	1913	25	147	2	1249	10
1,582	646	52	− 2653	73	1884	20	176	11	1335	14
1,608	560	88			1771	5	− 248	15	+ 1389	62
1,633	599	37			1818	16				
1,658	− 399	118			− 1747	59				
1,682										

Die relative Energieverteilung im infraroten Spektrum usw. 187

Tabelle 10 (Fortsetzung).

$\frac{1}{\lambda}$	31—32		32—34		32—35		32—38		34—35	
	3, 3; 4		2, 2; 2		1, 1; 1		(3, 2; 3)		1, 2; 2	
1,172	+ 390	66			— 1046	4	— 101	20	+ 305	71
1,196	466	32	— 1463	15	1018	19	+ 010	11	386	25
1,229	532	24	1480	6	1009	41	— 056	21	405	31
1,260	589	36	1485	7	1070	23	222	25	414	31
1,292	622	41	1523	5	1065	27	464	28	486	4
1,336	720	53	1582	14	1103	32	310	17	516	9
1,364	855	36	1648	6	1104	11	625	51	552	3
1,393	1032	24	1640	12	1108	10	1220	18	541	13
1,421	1022	9	1698	9	1162	36	810	16	565	2
1,447	1084	18	1714	5	1123	15	1065	25	600	11
1,476	1177	23	1718	16	1084	26	1552	46	615	9
1,503	1278	4	1752	23	1118	8	1477	48	629	20
1,530	1312	5	1790	10	1056	53	1310	13	672	19
1,556	1364	44	1833	26	1142	6	1470	66	719	4
1,582	1530	6	1861	21	1162	4	— 1710	120	700	16
1,608	+ 1625	59	1825	39	1204	86			733	13
1,633			— 1914	5	— 1256	58			724	13
1,658									+ 752	
1,682										

werden (z. B. wegen großer Extinktion, sehr großer überbrückter Helligkeitsdifferenz u. a.). Die Verteilung der Gewichte auf die Verbindungen ist die folgende:

Tabelle 11.

Gewicht p	0	1	2	3	4
Anzahl der Verbindungen	3	12	28	8	3

Durchschnittsgewicht $\bar{p} = 2{,}04$.

Dieses Gewichtssystem gilt für den Bereich $1{,}196 \leq 1/\lambda \leq 1{,}530$. An den unvollständigen Enden dagegen mußten die relativen Gewichte mehr oder weniger verändert werden, wodurch das effektive Bezugssystem geändert wird.

Als der größte Teil der Ausgleichung bereits gerechnet war, stellte sich heraus, daß die Verbindungen mit β Peg besonders große Reste ergaben. Daher wurde die Ausgleichung noch einmal gerechnet, wobei den drei Verbindungen mit β Peg, wie bei T und S[1]), das Gewicht 0 erteilt wurde (siehe

---

[1]) Letzteres ist in (1) versehentlich nicht vermerkt.

Tabelle 11), d. h. sie wurden zwar selbst auf das System der anderen Sterne verbessert, trugen aber zur Ausgleichung nicht mit bei. Daher sind die betreffenden Gewichte in Tabelle 10 und 12 eingeklammert. Die Maßnahme ist berechtigt, da β Peg schon häufig als veränderlich gefunden wurde [(11), (12), (13), (14)], obwohl er noch nicht in die Verzeichnisse der veränderlichen Sterne aufgenommen ist. Aus der inneren Übereinstimmung der Einzelsätze bei den drei Verbindungen konnte zunächst nicht auf eine Veränderlichkeit geschlossen werden. Das rührte aber daher, daß die Einzelsätze von 15—38 und 5—38 zu ganz verschiedenen Zeiten aufgenommen sind. Die Beobachtungen zu 15—38 stammen aus der Zeit 1936, Aug. 26 bis 29 und stimmen untereinander gut überein, die Einzelsätze von 5—38 aus der Zeit 1935 Okt. 10 bis Nov. 14; auch diese Beobachtungen zeigen untereinander keine großen Unterschiede. Allerdings war ein Anschluß 5—38 von 1936 Aug. 28 wegen zu starker Abweichung (!) von vornherein von der Mittelung ausgeschlossen worden; seine $\varDelta m$ waren für alle Wellenlängen ($1/\lambda = 1{,}19$ bis $1{,}39$) durchschnittlich $0^{m}_{.}08$ kleiner als das Mittel der übrigen Anschlüsse 5—38. Aber die Verbesserungen von 5—38 aus der Netzausgleichung (Tabelle 10) betragen für den gleichen Wellenlängenbereich im Mittel $-0^{m}_{.}06$ und für 15—38: $+0^{m}_{.}04$, stimmen also nach Betrag und Vorzeichen gut damit überein. Das würde eine Helligkeitsabnahme um $0^{m}_{.}1$ in dem betrachteten Zeitraum bedeuten. Die kürzeren Wellenlängen zeigen noch größere Reste (Tabelle 10), worin möglicherweise eine Gradientenänderung zum Ausdruck kommt. Die Einzelanschlüsse zu 32—38, die aus mehreren Epochen stammen, zeigen übrigens keine großen Differenzen untereinander.

Da von den neun A 0-Sternen, deren Mittel den Nullpunkt der Systeme S und T lieferte, nur zwei im Infrarotprogramm vorhanden sind, wurde das System I auf α Lyr allein bezogen. Dieser Stern eignet sich in zweifacher Hinsicht am besten als Nullpunkt: Er ist im System I mit den meisten anderen Sternen verbunden, und sein Gradient weicht bei S und T nur wenig von dem Mittel der A 0-Sterne ab. Die Tabelle 12 bringt als Ergebnis der Netzausgleichung die monochromatischen Helligkeitsdifferenzen gegen α Lyr. Die Werte von β Peg entsprechen dabei einer mittleren Helligkeit dieses Sternes für die Zeit aller Beobachtungen. Unter der Sternbezeichnung am Kopf der Spalten befindet sich die Zahl der Verbindungen dieses Sternes (vgl. Abb. 4) und die Gewichtssumme dieser Verbindungen.

Da bei den späten Spektraltypen (Stern 31, 40, 5 und 38) mit den aus mehreren Meßpunkten gemittelten Werten der Tabelle 12 der relative

Die relative Energieverteilung im infraroten Spektrum usw.

Tabelle 12. Ausgeglichene Werte der m_λ, bezogen auf α Lyr.

$\frac{1}{\lambda}$	24 η UMa	16 β Tau	23 ε UMa	35 α Cyg	2 β Cas	9 α Per	34 γ Cyg	15 α Aur	21 α UMa
	4,7	3,5	5,9	5,7	5,6	7,12	6,12	11,23	5,11
1,172	+1,958	+1,744	+1,748	+1,042	+1,912	+1,203	+1,418	−0,827	+0,573
1,196	1,991	1,708	1,720	1,037	1,812	1,158	1,448	0,871	0,604
1,229	1,996	1,688	1,719	1,050	1,813	1,168	1,486	0,839	0,673
1,260	1,984	1,674	1,738	1,047	1,820	1,175	1,492	0,816	0,718
1,292	1,970	1,670	1,721	1,038	1,835	1,193	1,528	0,793	0,732
1,336	1,960	1,677	1,748	1,071	1,872	1,266	1,596	0,706	0,841
1,364	1,958	1,662	1,741	1,093	1,898	1,301	1,642	0,637	0,920
1,393	1,925	1,672	1,709	1,098	1,912	1,308	1,652	0,600	0,945
1,421	1,945	1,670	1,714	1,126	1,936	1,332	1,689	0,579	0,999
1,447	1,945	1,645	1,729	1,108	1,951	1,348	1,719	0,572	1,010
1,476	1,939	1,653	1,739	1,110	1,942	1,390	1,734	0,524	1,044
1,503	1,929	1,627	1,749	1,126	1,966	1,412	1,775	0,481	1,101
1,530	1,918	1,638	1,731	1,109	2,023	1,453	1,800	0,452	1,152
1,556	1,920	1,614	1,743	1,136	2,038	1,503	1,859	0,394	1,221
1,582	1,906	1,633	1,741	1,166	2,073	1,536	1,882	0,330	1,241
1,608	1,890	1,545	1,758	1,118	+2,026	1,471	1,864	0,302	+1,284
1,633	1,861	+1,543	1,719	1,198		1,523	+1,909	0,289	
1,658	+1,924		+1,773	+1,171		+1,452		−0,227	

$\frac{1}{\lambda}$	3 α Cas	19 β Gem	25 α Boo	26 β UMi	31 γ Dra	40 α Tau	5 β And	38 β Peg	ε'
	5,8	8,19	9,22	5,13	4,12	4,7	4,9	(3,8)	
1,172		−0,008	−1,495	+0,357	+0,456	−0,934	+0,109	+0,081	0,075
1,196	+1,062	+0,032	1,473	0,421	0,498	0,961	0,073	−0,021	0,043
1,229	1,094	0,092	1,431	0,493	0,556	0,895	0,160	+0,035	0,032
1,260	1,121	0,133	1,375	0,550	0,625	0,836	0,251	0,197	0,028
1,292	1,108	0,146	1,344	0,589	0,663	0,778	0,341	0,435	0,028
1,336	1,257	0,249	1,217	0,701	0,773	0,678	0,395	0,293	0,029
1,364	1,339	0,308	1,133	0,791	0,891	0,539	0,539	0,574	0,025
1,393	1,374	0,350	1,090	0,898	1,056	0,314	0,841	1,195	0,024
1,421	1,421	0,397	1,032	0,930	1,031	0,396	0,731	0,826	0,023
1,447	1,430	0,401	0,987	0,980	1,102	0,301	0,813	1,040	0,026
1,476	1,478	0,450	0,943	1,051	1,200	0,148	1,001	1,489	0,021
1,503	1,526	0,511	0,872	1,107	1,274	0,126	1,030	1,429	0,021
1,530	1,590	0,543	0,834	1,164	1,317	−0,100	1,040	1,297	0,028
1,556	1,659	0,619	0,752	1,259	1,408	+0,019	1,135	1,404	0,029
1,582	1,717	0,653	0,698	1,349	1,536	0,180	1,278	+1,590	0,040
1,608	1,730	0,742	0,648	1,451	+1,684	0,410	+1,376		0,059
1,633	+1,759	+0,766	0,636	+1,384		0,154			0,040
1,658			−0,517		+0,252				0,080

Energieverlauf, wie er der Auflösung der benutzten Aufnahmeapparatur entspricht, nicht richtig zum Ausdruck kommt, wurde für diese Sterne *im Bereich der starken* Ti O-*Banden*[1]) auf die ursprünglichen Meßpunkte zurückgerechnet (Tabelle 13). Das geschah durch Anbringung der Reste v

Tabelle 13. Werte der m_λ für die einzelnen Meßpunkte im Bereich der TiO-Banden.

800	700	$1/\lambda$	31	40	5	38
	9	1,354	+^{m},87	−^{m},59	+^{m},48	+^{m},39
19		1,360	,88	,55	,52	,52
	10	1,368	,90	,53	,56	,66
20		1,374	,92	,51	,61	,72
	11	1,383	1,00	,41	,66	1,01
21		1,389	1,03	,36	,80	1,05
	12	1,398	1,08	,30	,86	1,36
22		1,403	1,06	,27	,86	1,32
	13	1,412	1,06	,34	,82	1,22
23		1,418	1,03	,37	,67	,85
	14	1,426	1,02	,41	,72	,78
24		1,432	1,06	,41	,75	,85
	15	1,441	1,09	,31	,80	,97
25		1,446	1,12	,31	(,80)	(,93)
26		1,460	1,16	(,31)	(,85)	
	17	1,469	1,17	,17	,97	1,45
27		1,474	(1,22)	(,15)	(,95)	
	18	1,482	1,22	,13	1,02	1,55
28		1,488	(1,23)	(,15)		
	19	1,496	1,28	,11	1,05	1,54
	20	1,510	1,26	,13	1,00	1,32
	21	1,523	1,30	,11	1,01	1,26
	22	1,537	+1,33	−,09	+1,07	+1,37

an die ursprünglichen Meßwerte. Alle Verbindungen mit α Lyr waren unverändert zur Bestimmung der Werte in Tabelle 13 verwendbar; bei den übrigen Anschlüssen mußten die m_λ des Vergleichssterns aus Tabelle 12 außerdem angebracht werden. Nicht benutzt werden konnten die Verbindungen der vier späten Typen untereinander, da hier ein Verfahren versagt, bei dem *ein* Rest für zwei bis vier Ausgangswerte in gleicher Weise als gültig angenommen wird. Die eingeklammerten Werte der Tabelle haben halbes Gewicht.

[1]) Die Zuordnung dieser Banden zum Titanoxyd ist bereits seit langem bekannt. A. Christy hat das infrarote Bandenspektrum des TiO untersucht (15); dort finden sich weitere Quellenhinweise.

10. Die Genauigkeit.

Die letzte Spalte der Tabelle 12 gibt für jede Wellenlänge die nach der Formel

$$\varepsilon' = \frac{\varepsilon'_1}{\sqrt{\bar{p}}} = \sqrt{\frac{[p\,v\,v]}{\bar{p}\,(n-m+1)}}$$

(m = Anzahl der Sterne, n = Anzahl der Verbindungen, ε'_1 = m. F. der Gewichtseinheit, $\bar{p}$ = Durchschnittsgewicht einer Verbindung, p = Gewicht einer einzelnen Verbindung)

aus den Resten v der Ausgleichung bestimmten durchschnittlichen mittleren Fehler ε' einer Verbindung vom Durchschnittsgewicht. Im mittleren Bereich wirkt sich die Tatsache der Zusammenfassung beider Plattensorten aus.

Sehr aufschlußreich ist ein ähnlich wie in (1) durchgeführter Vergleich mit Fehlern, die aus den beobachteten $\varDelta m$ bestimmt sind. Es ist allerdings schwer, aus der inneren Übereinstimmung aller in der Tabelle 10 vereinigten Einzelsätze bei einem so verschiedenartigen Material mittlere Fehler abzuleiten. Daher wurde folgendermaßen verfahren:

In dem Wellenlängenbereich, der beiden Plattensorten gemeinsam ist, wurden die Differenzen 700—800 gebildet, und zwar wurde, da die Meßpunkte ja Lücke auf Lücke liegen, jeder Meßwert einer Plattensorte mit dem vorhergehenden und dem folgenden der anderen Plattensorte kombiniert. Aus den Differenzen wurde der mittlere Fehler einer Verbindung vom Durchschnittsgewicht für *eine* Plattensorte zu $\varepsilon = \pm 0^{\mathrm{m}}\!,\!038$ berechnet. Der mittlere Fehler einer auf dem Mittel aus *beiden* Plattensorten beruhenden Verbindung vom Durchschnittsgewicht ist daher im Bereich mittlerer Wellenlängen

$$\bar{\varepsilon} = \frac{\varepsilon}{\sqrt{2}} = \pm 0^{\mathrm{m}}\!,\!027 \quad \Big| \quad \begin{aligned} \varepsilon_{\bar{p}}(T) &= \pm 0^{\mathrm{m}}\!,\!027, \\ \varepsilon_{\bar{p}}(S) &= \pm 0^{\mathrm{m}}\!,\!034. \end{aligned}$$

Rechts stehen die Vergleichswerte der Systeme S und T nach (1), S. 268.

ε setzt sich zusammen aus einem Fehler μ, der von der Auswertung der Aufnahmen (z. B. Kornschwankungen, Meßfehler) herrührt, und einem Fehler σ, der seine Ursache in den von Satz zu Satz verschiedenen Aufnahmebedingungen hat, und der in dem kleinen 700 und 800 gemeinsamen Bereich als wellenlängenunabhängig angenommen werden kann. Bildet man ferner in jeder Verbindung die durchschnittliche Differenz s zwischen 700 und 800, so erhält man

$$\sigma = \sqrt{\frac{[s\,s]}{2\,n}} = \pm 0^{\mathrm{m}}\!,\!025.$$

Für den Aufnahmefehler $\bar{\sigma}$ des Mittels *beider* Plattensorten ergibt sich

$$\bar{\sigma} = \frac{\sigma}{\sqrt{2}} = \pm\, 0{.}^{\mathrm{m}}018.$$

Daraus folgt

$$\bar{\mu}^2 = \frac{\mu^2}{2} = \bar{\varepsilon}^2 - \bar{\sigma}^2; \quad \text{also } \bar{\mu} = \pm\, 0{.}^{\mathrm{m}}020.$$

Man sieht also, daß σ und μ nahezu gleich groß sind.

Aus den ε' der Tabelle 10 bilden wir in dem für 700 und 800 gemeinsamen Bereich den durchschnittlichen mittleren Fehler $\varepsilon'_{(2)} = \pm\, 0{.}^{\mathrm{m}}023$, der aber noch nicht mit $\bar{\varepsilon}$ vergleichbar ist, da sich $\varepsilon'_{(2)}$ auf die Genauigkeit je *zweier* benachbarter Meßpunkte bezieht. Die Umrechnung auf einen einzelnen Meßpunkt geschieht unter der oben begründeten Annahme, daß die Anteile der beiden Ursachengruppen des mittleren Gesamtfehlers gleich groß sind. Seien also $\mu'_{(1)}$ und $\sigma'_{(1)}$ die m. F. beider Gruppen, bezogen auf einen Meßpunkt, so gilt

$$\varepsilon'^{2}_{(2)} = \frac{\mu'^{2}_{(1)}}{2} + \sigma'^{2}_{(1)},$$

weil die Auswertungsfehler bei den beiden Punkten unabhängig sind (vgl. S. 171), während der Aufnahmefehler konstant ist. Da weiter gilt

$$\varepsilon'^{2}_{(1)} = \mu'^{2}_{(1)} + \sigma'^{2}_{(1)}$$

und genähert $\mu'_{(1)} = \sigma'_{(1)}$ zu setzen ist, so folgt

$$\varepsilon'^{2}_{(1)} = \tfrac{4}{3}\, \varepsilon'^{2}_{(2)}.$$

Also

$$\varepsilon'_{(1)} = \pm\, 0{.}^{\mathrm{m}}027 \quad \Big|\quad \varepsilon_{\bar{p}}(T) = \pm\, 0{.}^{\mathrm{m}}036\,[1]),$$
$$\phantom{\varepsilon'_{(1)} = \pm\, 0{.}^{\mathrm{m}}027 \quad \Big|\quad} \varepsilon_{\bar{p}}(S) = \pm\, 0{,}040$$

in guter (aber nur zufällig völliger) Übereinstimmung mit $\bar{\varepsilon}$. Die entsprechenden Fehler der Systeme S und T sind wieder mit angegeben.

Die Gewichte der Unbekannten sind aus dem gleichen Grunde wie bei S und T nicht bestimmt worden. Die Anzahl der Verbindungen (erste Zahl

---

[1]) Der betreffende Wert für den m. F. der Gewichts*einheit* in (1) S. 268 muß auf $\varepsilon_1(T) = \pm\, 0{.}^{\mathrm{m}}050$ verbessert werden, ebenso der Wert in der vorletzten Zeile dieser Seite: $\pm\, 0{.}^{\mathrm{m}}034$ statt $\pm\, 0{.}^{\mathrm{m}}020$.

Die relative Energieverteilung im infraroten Spektrum usw. 193

unter der Sternbezeichnung am Kopf der Spalten auf Tabelle 12) gibt ein ungefähres Maß für das Gewicht der Tabellenwerte der betreffenden Spalte. Der durchschnittliche mittlere Fehler der m_λ kann auf Grund der Tatsache, daß jeder Stern im Durchschnitt mit 6 anderen verbunden ist (übrigens zu günstig), abgeschätzt werden; er beträgt:

$1/\lambda$	m. F.	$1/\lambda$	m. F.
1,364 bis 1,503	$0^{m}\!,009$	1,196 und 1,582 bis 1,633	$0^{m}\!,019$
1,229 bis 1,336 1,530 bis 1,556	0,012	1,172 und 1,658	0,032

Die genau so berechneten Werte für T und S sind $\pm\, 0^{m}\!,013$ bis $\pm\, 0^{m}\!,024$ bzw. $\pm\, 0^{m}\!,014$ bis $\pm\, 0^{m}\!,027$.

Aus allem geht hervor, daß das System I trotz der durchschnittlich geringeren Anzahl von Anschlüssen eine größere Genauigkeit als die Systeme S und T besitzt. Das im Durchschnitt sehr gleichmäßige Plattenmaterial, die Verbreiterung der Spektren und die im Infraroten geringere Wirkung von Extinktionsschwankungen dürften die wesentlichsten Gründe dafür sein.

11. Relative Gradienten und relative Energieverteilung.

Zur Bildung der Gradienten wurden die Beobachtungen nicht rechnerisch, sondern graphisch ausgeglichen. Berücksichtigt wurde dabei nur der Bereich $1,196 \leq 1/\lambda \leq 1,582$. Die auf diese Weise abgeleiteten Gradienten

$$\Phi'_i = 0{,}921 \cdot \frac{m_1 - m_2}{1/\lambda_1 - 1/\lambda_2}$$

relativ zu α Lyr stehen in der dritten Spalte von Tabelle 14. Die Werte $\Phi'_{s,r}$ der Rotgradienten des Systems S aus (1), jedoch korrigiert wegen des Nullpunktsunterschiedes von α Lyr gegen das Mittel der A 0-Sterne, also die Werte

$$\Phi''_{s,r} = \Phi'_{s,r} + 0{,}070$$

folgen zum Vergleich in der nächsten Spalte. Die mittlere Wellenzahl für das System I ist $1/\lambda = 1{,}4$ und für die Rotgradienten des Systems S: $1/\lambda = 1{,}8$. Die eingeklammerten Gradienten in Spalte 4 für die späten Typen sind aus der Zeichnung in (1), S. 273 abgelesen. Die Geraden wurden so gelegt, daß sie durch die Stellen geringster Absorption verlaufen; ebenso wurde bei den späten Typen des Infrarotprogramms verfahren.

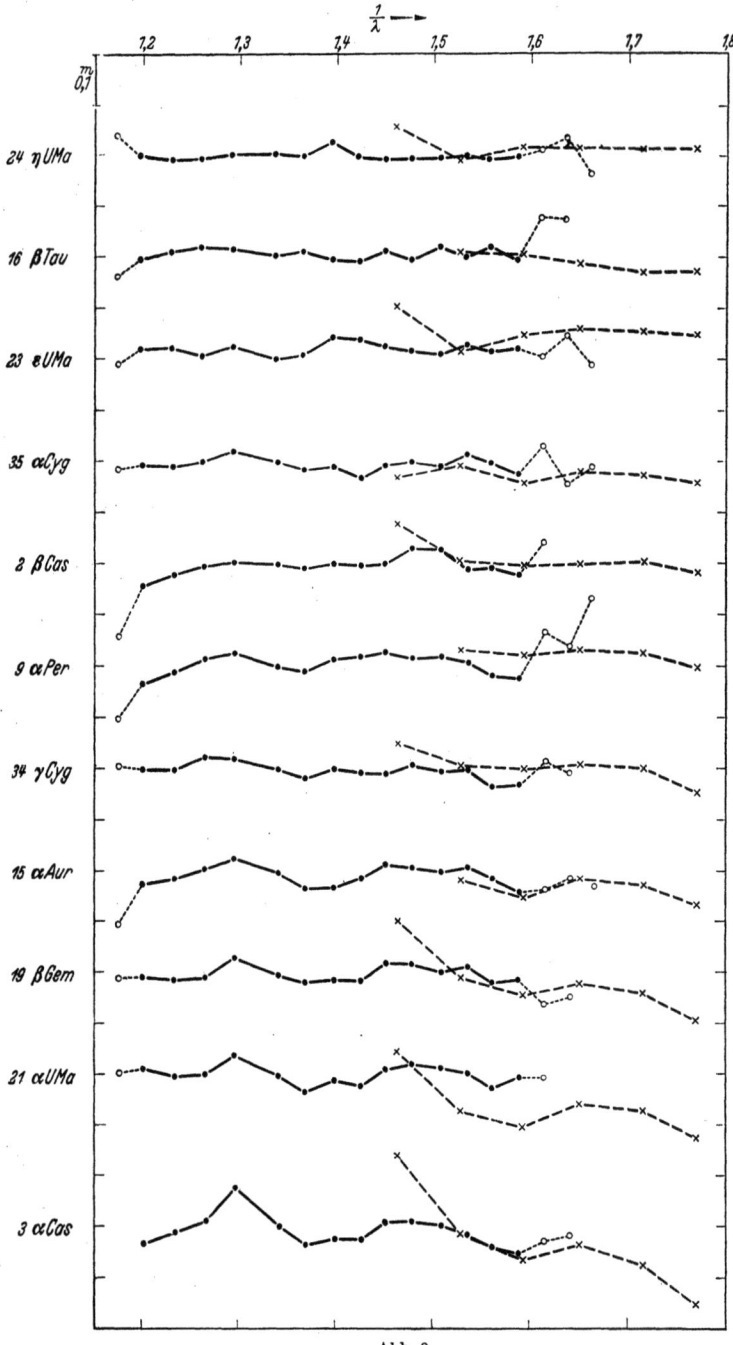

Abb. 9.
Reste in der relativen Intensitätsverteilung gegen die Gradienten Φ'_i aus Tabelle 14.

Die relative Energieverteilung im infraroten Spektrum usw. 195

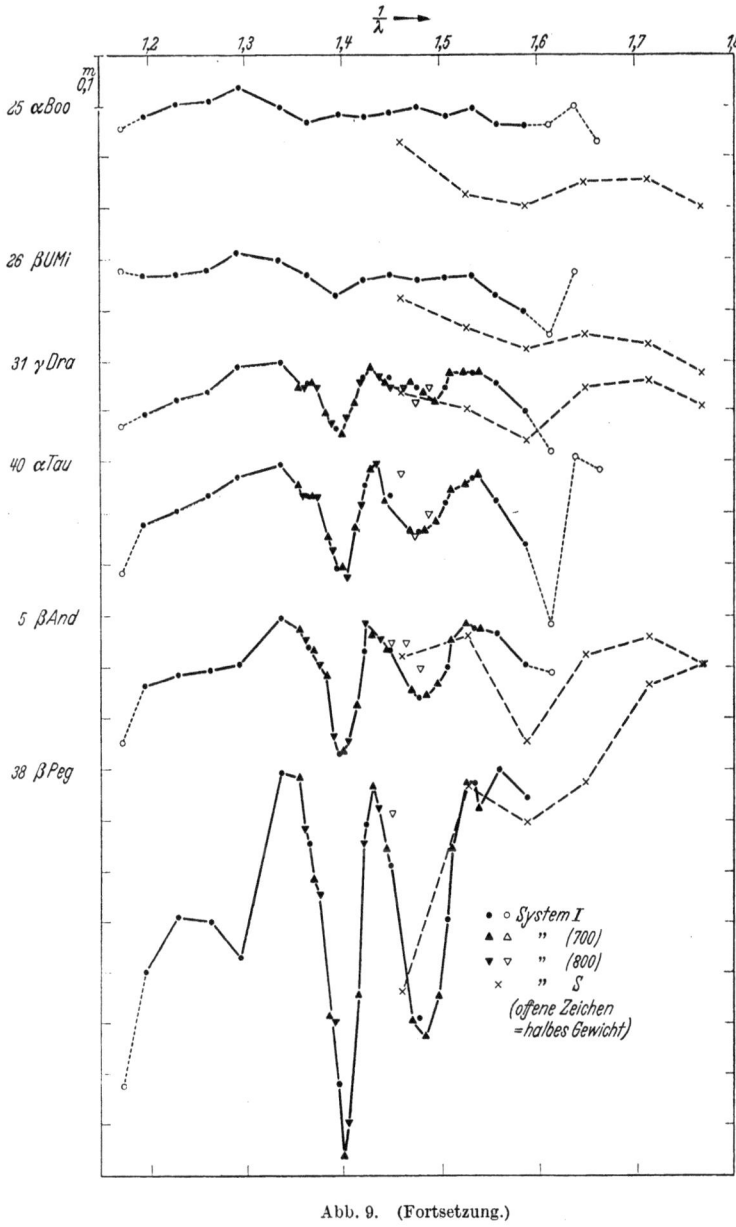

Abb. 9. (Fortsetzung.)

Die Abb. 9 vermittelt ein Bild der auf α Lyr bezogenen Energieverteilung. Sie gibt die Reste δm gegen die lineare Darstellung mit den Gradienten Φ'_i der Tabelle 14:

$$\delta m = m - m_0 - 1{,}086\, \Phi'_i\, (1/\lambda - 1{,}336).$$

m_0 sind die relativen Helligkeiten bei $1/\lambda_0 = 1{,}336$.

Bei dem Vergleich mit dem System S zeigte sich eine starke systematische Differenz, die offenbar bei α Lyr im System S liegt, wo α Lyr nur mit zwei anderen Sternen verbunden ist. Die Differenz läßt sich bei den B- bis G-Sternen im Mittel zum Verschwinden bringen, wenn α Lyr bei allen Wellenlängen um $0^m{,}09$ heller als in (1) angenommen wird; diese Verbesserung liegt in demselben Sinn, wie sie aus dem Vergleich von S und T folgt. In Abb. 9 sind als Kreuze diese systematisch verbesserten Werte eingetragen.

Bei den späten Typen bleiben noch systematische Abweichungen, die wiederum gleichsinnig mit den Differenzen $T-S$ im Blau laufen. Da sowohl beim System I wie beim System T die Spitzen der Registrierkurve gemessen wurden, im Gegensatz zu S, wo beim Messen etwas mehr in die Kurve hineingegangen wurde [vgl. (1), S. 254 ff.], scheint sich hier ein weiterer Anhaltspunkt für die in (1) ausgesprochene Ansicht zu bieten, daß die Unterschiede der beiden Systeme S und T zum großen Teil auf das Meßverfahren zurückzuführen sind.

Tabelle 14. Relative Gradienten und c_2/T-Werte.

Nr.	Stern	Φ'_i	$\Phi''_{s,r}$	$\dfrac{c_2}{T_i}$	$\dfrac{c_2}{T_{s,r}}$	$c_2\left(\dfrac{1}{T_i}-\dfrac{1}{T_{s,r}}\right)$
24	η UMa	− 0,21	− 0,19	0,34	0,38	− 0,04
16	β Tau	− ,18	,00	,40	,68	− ,28
32	α Lyr	,00	,00	,68	,68	,00
23	ε UMa	+ ,05	+ ,09	,76	,80	− ,04
35	α Cyg	,26	,43	1,06	1,24	,18
2	β Cas	,67	,78	1,59	1,66	,07
9	α Per	,92	1,06	1,88	1,96	,08
34	γ Cyg	,96	1,31	1,93	2,23	,30
15	α Aur	1,25	1,49	2,26	2,42	,16
19	β Gem	1,46	(1,96)	2,49	2,90	,41
21	α UMa	1,48	(1,97)	2,51	2,91	,40
3	α Cas	1,50	(2,06)	2,53	3,01	,48
25	α Boo	1,81	(2,12)	2,87	3,07	,20
26	β UMi	2,05	(2,77)	3,12	3,72	,60
31	γ Dra	2,49	(2,84)	3,57	3,79	− ,22
40	α Tau	2,63	—	3,72	—	—
5	β And	2,97	(3,12)	4,07	4,08	− ,01
38	β Peg	4,67	(3,27)	5,78	4,23	+ 1,55

Nach den noch unveröffentlichten Ergebnissen des absoluten Anschlusses ist der absolute Gradient eines mittleren A 0-Sternes bei $1/\lambda = 1,95$

$$(\Phi_{A\,0})_{1,95} = 0,99; \quad c_2/T = 0,77.$$

Daraus ergibt sich unter Voraussetzung konstanter Farbtemperatur als absoluter Gradient bei $1/\lambda = 1,8$, der mittleren Wellenzahl der Rotgradienten des Systems S,

$$(\Phi_{A\,0})_{1,8} = 1,03.$$

Da $\Phi'_{s,r} = -0,07$ der Gradient von α Lyr gegen das Mittel der A 0-Sterne bei $1/\lambda = 1,8$ ist [(1), S. 271], wird der absolute Gradient Φ_0 von α Lyr bei $1/\lambda = 1,8$ und $1/\lambda = 1,4$:

$$(\Phi_0)_{1,8} = 0,96, \quad (\Phi_0)_{1,4} = 1,11.$$

Damit erhält man dann die absoluten Gradienten Φ aller Sterne:

$$\Phi_{s,r} = \Phi'_{s,r} + (\Phi_0)_{1,8},$$
$$\Phi_i = \Phi'_i + (\Phi_0)_{1,4},$$

die zur Berechnung der c_2/T für die beiden Gradientensysteme dienten (Spalte 5 und 6 in Tabelle 14). Die Differenzen dieser Werte (Spalte 7) schwanken zwar, haben aber einheitliches Vorzeichen und scheinen mit dem Spektraltyp zu wachsen. Nur β And und ganz besonders β Peg zeigen ein völlig anderes Verhalten. Darin kommt aber nur zum Ausdruck, daß das Kontinuum wegen der vielen starken Absorptionen an keiner Stelle mehr auch nur annähernd ungestört ist.

Etwas zuverlässigere Aussagen über die Gradienten später Typen würde man erst durch den Vergleich mit einem Material gewinnen, das aus Beobachtungen mit einer größeren Dispersion hervorgegangen ist. Denn es ist nicht möglich, aus den bis jetzt vorhandenen Arbeiten über Sternlinien im Infrarot (16), (17), (18) irgendwelche Schlüsse auf die gesamte Linienabsorption zu ziehen.

Wieweit einzelne Buckel in den Darstellungen der Abb. 9 auf Absorptionen bei α Lyr zurückzuführen sind, läßt sich erst durch einen absoluten Anschluß entscheiden. Erwähnt sei nur in diesem Zusammenhang, daß theoretisch bei $1/\lambda = 1,22$ die kontinuierliche Paschen-Absorption einsetzen sollte mit einem Betrag von einigen hundertstel Größenklassen.

Für die Anregung dieser Untersuchung sowie für manchen Rat bei ihrer Durchführung möchte ich Herrn Prof. Kienle und für eine kritische Durchsicht des Manuskripts auch Herrn Prof. Heckmann herzlich danken.

12. Schrifttum.

(1) H. Kienle, H. Strassl u. J. Wempe, ZS. f. Astrophys. **16**, 201, 1938 (Veröffl. Göttingen 50). — 2) H. Strassl, ebenda **5**, 205, 1932 (Veröffl. Göttingen 29). — (3) J. Wempe, ebenda **5**, 154, 1932 (Veröffl. Göttingen 28). — (4) B. Meyermann, ZS. f. Instr. **48**, 104, 1928. — (5) Revision of Rowlands Preliminary Table, Mt. Wilson, 1928. — (6) W. Baumann u. R. Mecke, Das ultrarote Sonnenspektrum, Verlag Barth, Leipzig 1934. — (7) K. Freudenberg u. R. Mecke, ZS. f. Phys. **81**, 465, 1933. — (8) G. H. Dieke u. H. D. Babcock, Proc. Nat. Ac. Wash. **13**, 670, 1927 (Comm. Mt. Wilson 102). — (9) Handb. d. Experimentalphys. XXVI, S. 355 (Strömgren). — 10) C. G. Abbot, Ap. J. **34**, 203, 1911 (oder Handb. d. Aph. II, 1, S. 199). — (11) J. Stebbins u. C. M. Huffer, Proc. Nat. Ac. Wash. **14**, 492, 1928. — (12) J. Mrazek, A. N. **227**, 279, 1926; **243**, 146, 1931. — (13) M. Zverev, Publ. Sternberg Inst. VIII, 1, S. 105, 1934. — (14) A. Solovjev, Veränderl. Sterne, Gorki, IV, 357, 1935. — (15) A. Christy, Ap. J. **70**, 1, 1929. — (16) P. W. Merrill, ebenda **79**, 183, 1934 (Mt. Wilson Contr. 486). — (17) P. W. Merrill u. O. C. Wilson, ebenda **80**, 19, 1934 (Mt. Wilson Contr. 494). — (18) F. E. Roach, ebenda **80**, 233, 1934.

If you have any concerns about our products,
you can contact us on
ProductSafety@springernature.com

In case Publisher is established outside the EU,
the EU authorized representative is:
**Springer Nature Customer Service Center GmbH
Europaplatz 3, 69115 Heidelberg, Germany**

Printed by Libri Plureos GmbH
in Hamburg, Germany